Inhalt

Alle Uhrzeiten sind während der Gültigkeit der Sommerzeit in Mitteleuropäischer Sommerzeit (MESZ) angegeben.
Genaue Zeitangaben wie Auf- und Untergangszeiten beziehen sich auf den Standort 10° östl. Länge, 50° nördl. Breite.
Sollten in diesem Buch Begriffe auftauchen, die Sie nicht kennen, sehen Sie am besten im Glossar auf S. 92/93 nach.

HERMANN-MICHAEL HAHN

WAS TUT SICH AM HIMMEL 2027

KOSMOS

In den Himmel schauen macht frei

„Geh in die Nacht hinaus und schau in die Sterne, und du bist frei!" schrieb 1919 der österreichische Autor Friedrich von Gagern (1882–1947) in seinem Roman *Die Wundmale*. Schade nur, dass wir seit vielen Jahrzehnten die Nacht mit immer mehr künstlichen Lichtern verdrängen, gerade so, als hätten wir Angst vor solcher Freiheit und daraus erwachsenden Gedanken, die unsere eigene Bedeutung und Selbstherrlichkeit in Frage stellen könnten. *Was tut sich am Himmel?* will helfen, durch eigenes Beobachten zu mehr Verständnis über die Welt zu finden, in der wir leben.

MOND, PLANETEN UND SONNE

Jeder Monat des Jahres wird auf sechs Seiten vorgestellt (s. Abb. auf der Umschlaginnenklappe). So zeigt das Kalendarium „Was sich am Himmel tut" (Seiten 1 und 2) zu Beginn dieser drei Doppelseiten die Mondphase samt Auf- und Untergangszeiten für jeden Tag. Es listet zudem interessante und auffällige Konstellationen beziehungsweise Ereignisse auf und führt die Sichtbarkeitsverhältnisse der Planeten grafisch vor Augen. Zwischen dem Datum links und der Mondphase rechts befindet sich im Kalendarium ein blauer Balken: Er entspricht der Dunkelphase zwischen Abenddämmerung (links) und Morgendämmerung (rechts), und die Positionen der einzelnen Symbole lassen die Sichtbarkeiten der Planeten erkennen. Ein Planet in der Mitte dieses Balkens ist die ganze Nacht über zu sehen und steht um Mitternacht im Süden, während ein Planet nahe dem linken Rand nur nach Sonnen-

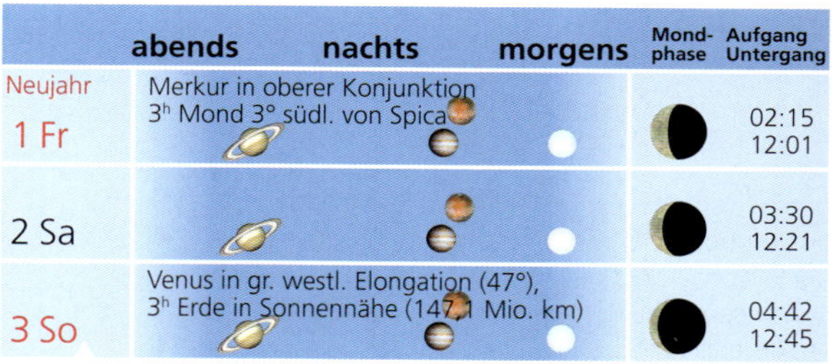

Der Kalender gibt Auskunft über den Mond, sichtbare Planeten und besondere Himmelsereignisse.

Verlauf der Mondphasen vom zunehmenden Mond (rechts) über Vollmond zum abnehmenden Mond.

untergang im Westen zu finden ist (und schon bald danach verschwindet).
Ein Planet nahe dem rechten Rand taucht kurz vor Sonnenaufgang im Osten auf und ist schon wenig später in der Dämmerung verblasst. Wenn Sie die einzelnen Zeilen einfach wie Text von links nach rechts lesen, haben Sie automatisch die richtige zeitliche Abfolge: Was nur am Anfang der Dunkelheit im Westen zu finden ist, ist am Zeilenanfang dargestellt, was erst gegen Ende der Dunkelheit am Osthimmel auftaucht, steht am Ende der dunkelblauen Nachtzeile.
Die tagtägliche Veränderung im Aussehen des Mondes, seine Auf- und Untergangszeiten sowie die Mondphasen Neumond (NM), Erstes Viertel (EV), Vollmond (VM) und Letztes Viertel (LV) mit zugehöriger Zeitangabe, zu der die Phase eintritt, finden Sie im Ereigniskalender in der rechten Spalte. Der Mond taucht wenige Tage nach Neumond als schmale, zunehmende Sichel am westlichen Abendhimmel auf und steht dann jeden Abend rund anderthalb Handbreit (bei ausgestrecktem Arm gemessen) weiter links (östlich). Dabei wird er von Tag zu Tag runder und erreicht schließlich etwa zwei Wochen nach Neumond die Vollmondposition. Dann steht er der Sonne am Himmel gegenüber, steigt bei Sonnenuntergang über den Osthorizont und bleibt die ganze Nacht über zu sehen, ehe er bei Sonnenaufgang wieder untertaucht. Danach geht er immer später auf und nimmt gleichzeitig immer weiter ab, bis er schließlich ein paar Tage vor der nächsten Neumondstellung als schmale abnehmende Sichel ein letztes Mal am östlichen Morgenhimmel zu beobachten ist.

Die Sternkarten zeigen den monatlichen Sternhimmel jeweils vom Ostpunkt (links) über den Süden (Mitte) bis hin zum Westpunkt am rechten Rand.

Über den Lauf der Sonne mit Auf- und Untergangszeiten sowie Angaben zum Anfang und Ende der Dämmerung, jeweils für den Monatsanfang und die Monatsmitte, informiert die zweite Doppelseite eines jeden Monats. Dabei vermittelt die wechselnde Höhe des Sonnen-Tagbogens zusammen mit den „wandernden" Fußpunkten dieses Bogens einen Eindruck von der Veränderung der Sonnensichtbarkeit im Rhythmus der Jahreszeiten. Auf dieser Doppelseite finden Sie auch eine kurze Beschreibung der Sonnen- und Planetenläufe sowie jeweils rechts einen Beobachtungstipp für ein besonderes Ereignis des Monats.

Wenn Sie über Sonne, Mond und Planeten hinaus einmal gezielt Satelliten beobachten oder gar die Internationale Raumstation am Himmel vorbeiziehen sehen wollen, finden Sie entsprechende Angaben im Internet, da sich diese Sichtbarkeiten ständig ändern. Tippen Sie dazu *www.heavens-above.com* in die Adresszeile Ihres Internet-Browsers und geben Sie dann die geografischen Koordinaten Ihres Beobachtungsortes in die Abfragemaske ein.

DIE FIXSTERNE

Den Abschluss einer jeden Monatsdarstellung bildet eine Sternkarte samt erläuterndem Text, die den Anblick des aktuellen Abendhimmels aufzeigt und beschreibt. Die Sternkarten stellen jeweils den südlichen Teil des Himmels dar, in dem Mond, Sterne und Planeten – wie die Sonne – ihre größte Höhe erreichen und daher am besten zu beobachten sind. Sie reichen dabei vom Ostpunkt am linken

Bildrand bis zum Westpunkt am rechten Rand. Nach oben hin zeigen sie ein Stück weit bis über den Zenit hinaus, der in jeder Karte durch ein weißes Kreuz markiert ist. Der Zenit ist der Scheitelpunkt des Himmels, den man anvisiert, wenn man den Kopf ganz in den Nacken legt und auf den Punkt genau über dem eigenen Kopf blickt. Neben den eigentlichen „Fixsternen" zeigen die Karten auch die mit bloßem Auge sichtbaren Planeten, die zur Monatsmitte um die angegebene Uhrzeit in dieser Region des Himmels stehen.
Für jeden Monat gibt es eine eigene Sternkarte. Da die Erde im Laufe eines Jahres einmal die Sonne umrundet, blickt man zur jeweils gleichen Uhrzeit in jedem Monat in eine leicht andere Richtung des Himmels, auch wenn man stets Richtung Süden schaut. Es ist ähnlich wie beim Minutenzeiger einer Uhr, der im Laufe einer Stunde einmal

WANN KÖNNEN SIE WELCHE MONATSSTERNKARTE BENUTZEN?

Uhrzeit Datum	**18**	**19**	**20**	**21**	**22**	**23**	**24**	**01**	**02**	**03**	**04**	**05**	**06**
01.01.	Nov		Dez		Jan		Feb		Mrz		Apr		
15.01.		Dez		Jan		Feb		Mrz		Apr			Mai
01.02.	Dez		Jan		Feb		Mrz		Apr			Mai	
15.02.	-	Jan		Feb		Mrz		Apr			Mai		Jun
01.03.	-		Feb		Mrz		Apr			Mai		Jun	-
15.03.	-	-		Mrz		Apr			Mai		Jun		-
01.04.	-	-	-	Mrz		Apr			Mai		Jun	Jul	-
15.04.	-	-	-	-				Mai		Jun		-	-
01.05.	-	-	-	-			Mai		Jun		Jul	-	-
15.05.	-	-	-	-	-	Mai		Jun		Jul	-	-	-
01.06.	-	-	-	-	-		Jun		Jul	Aug	-	-	-
15.06.	-	-	-	-	-	Jun		Jul	Aug		-	-	-
01.07.	-	-	-	-	-		Jul	Aug		Sep	-	-	-
15.07.	-	-	-	-	-	Jul	Aug		Sep		-	-	-
01.08.	-	-	-	-	-	Aug		Sep		Okt		-	-
15.08.	-	-	-	-	Aug		Sep		Okt		Nov	-	-
01.09.	-	-	-	-		Sep		Okt		Nov		Dez	-
15.09.	-	-	-	-	Sep		Okt		Nov		Dez		-
01.10.	-	-	-	Sep		Okt		Nov		Dez		Jan	
15.10.	-	-	Sep		Okt		Nov		Dez		Jan		Feb
01.11.	-		Okt		Nov		Dez		Jan		Feb		Mrz
15.11.		Okt		Nov		Dez		Jan		Feb		Mrz	
01.12.	Okt		Nov		Dez		Jan		Feb		Mrz		Apr
15.12.		Nov		Dez		Jan		Feb		Mrz		Apr	

Die Gültigkeit der Sommerzeit ist durch die unterlegte Fläche markiert.

Auch der Anblick des Nordhimmels mit den Zirkumpolarsternen variiert über das Jahr. Der Pfeil markiert den Zenit jeweils zur Monatsmitte gegen 23 Uhr.

über alle zwölf Stundenanzeigen hinwegstreift. In diesem Vergleich braucht man nur die zwölf Stunden der Uhr durch die zwölf Sternbilder des Tierkreises zu ersetzen, schon wird deutlich, was gemeint ist: Die Sonne durchwandert auf ihrer Bahn, der sogenannten Ekliptik, jedes Jahr einmal alle Tierkreissternbilder (s. Seite Sonnenlauf). Dadurch driften die Sterne und Sternbilder auf den Karten Monat für Monat immer weiter nach rechts. Im Januar blicken wir am mittleren Abend (gegen 21 Uhr zur Monatsmitte) in eine andere Richtung als drei, sechs oder gar neun Monate später. Tatsächlich tauchen die meisten Sternbilder, die im Januar um diese Zeit im Süden stehen, im Herbst zur gleichen Zeit bereits am Osthimmel auf und sind im Frühjahr noch über dem Westhorizont zu finden. Diesem „Jahreskarussell", das wir auch verfolgen könnten, wenn die Erde sich nicht um ihre eigene Achse drehen würde, ist noch das „Tageskarussell" der Erdrotation

überlagert. Für Einsteiger ist dies häufig verwirrend. Wer den Anblick des Himmels aber auch mal zu anderen Beobachtungszeiten als dem mittleren Abend mit einem Kartenbild vergleichen möchte, kann dazu gemäß der Tabelle auf Seite 7 eine passende andere Monatskarte benutzen. Die einzelnen Monatssternkarten zeigen den Anblick des Himmels nämlich auch in anderen als dem jeweils angegebenen Monat, dann aber zu einer anderen Uhrzeit. Die angezeigten Planetenpositionen gelten jedoch nur jeweils zur Mitte des angegebenen Monats!
Neben den Sternbildern, die jede Nacht und im Laufe des Jahres auf und untergehen, gibt es auch solche, die in unseren Breiten nie untergehen: Dies sind die sogenannten Zirkumpolarsternbilder (s. Abb. links), die sich in einem Kreis um den Polarstern am Nordhimmel befinden. Neben dem Großen und Kleinen Bären (oder Wagen) zählt dazu z. B. auch die Kassiopeia, deren fünf hellere Sterne sich zur Zickzacklinie des Buchstabens W verbinden lassen und die deswegen oft auch als „Himmels-W" bezeichnet wird.

Tipps für die Himmelsbeobachtung

Bevor wir uns den Höhepunkten und danach den einzelnen Monaten des Jahres zuwenden, erhalten Sie hier noch einige hilfreiche Tipps und Anregungen für eine erfolgreiche Beobachtung des himmlischen Geschehens.
Sehr empfehlenswert ist grundsätzlich übrigens auch der Besuch einer Volkssternwarte. Dort kann man durch ein großes Teleskop beispielsweise die Krater auf dem Mond, die Ringe des Saturn oder einen glitzernden Sternhaufen betrachten. Die Mitglieder vieler Sternwarten bieten Führungen an, in denen sie ihr Wissen und ihre Teleskope einsetzen, um möglichst vielen Mitmenschen die Schönheiten der Natur jenseits der irdischen Atmosphäre zu zeigen und ggf. mit Tipps für die eigene Beobachtung zur Seite zu stehen.

WO IST SÜDEN?

Da die Sternkarten in diesem Buch vor allem die Sterne in Richtung Süden zeigen, sollten Sie sich vor Ihrer ersten Himmelsbeobachtung zunächst über die Lage der Himmelsrichtungen klar werden. Mit Hilfe der Sterne geht das auch ohne Kompass oder GPS. Man muss nur die bekannte Figur des Großen Wagens finden, die aus sieben etwa gleich hellen Sternen besteht. Zum Glück steht der

Große Wagen bei uns immer am Himmel, in jeder Nacht und zu jeder Jahreszeit. Aber er ist nicht immer an der gleichen Stelle zu finden: So steht er am 1. Oktober gegen 22 Uhr wie ein richtiger Bollerwagen tief über dem Horizont. Am 1. Januar balanciert er dagegen zur gleichen Zeit halbhoch am Himmel, gleichsam auf der Spitze der Deichsel. Am 1. April findet man ihn gegen 23 Uhr Sommerzeit fast im Zenit, also im Scheitelpunkt des Himmels, und am 1. Juli hängt der Wagen scheinbar an der Deichselspitze halbhoch vom Himmel herab (vgl. Abbildung unten). Wenn man den Himmelswagen gefunden hat, braucht man nur noch die beiden hinteren Kastensterne zu identifizieren und diese dann in Gedanken miteinander zu verbinden. Verlängert man die so gewonnene Linie „nach oben" (bezogen auf die Straße, auf der der gedachte Wagen rollt), so trifft man in einigem Abstand auf einen achten, ähnlich hellen Stern. Dies ist der Polarstern, der ziemlich genau am Nordpol des Himmels steht. Wenn wir in seine Richtung schauen, so blicken wir „nach Norden".

Der Polarstern ist zwar nicht der hellste Stern am nördlichen Himmel, wohl aber der hellste Stern im Sternbild Kleiner Bär, das mitunter auch als Kleiner Wagen bezeichnet wird. Um ihn dreht sich jede Nacht das gesamte „Himmelszelt", er ist damit der einzige Stern am Himmel, dessen Position im Laufe einer Nacht und im Laufe eines Jahres immer gleich ist. Daher lässt er sich als einziger Stern auch mit Hilfe irdischer Objekte wie zum Beispiel

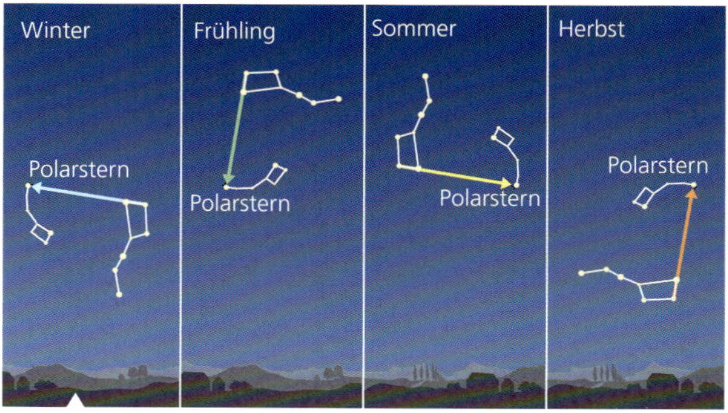

Vom Großen Wagen zum Polarstern.

Der Große Wagen ist ein Teil des Sternbildes Großer Bär.

einem Kirchturm oder einem Haus aufsuchen. In unseren Breiten steht er etwa halbhoch am Himmel.
Der Große Wagen ist übrigens in Wahrheit kein eigenes Sternbild, er ist Teil eines viel größeren Sternbildes, des Großen Bären (s. Abb. oben). Mit der Nordrichtung sind dann auch die übrigen Himmelsrichtungen festgelegt.
Wenn Sie dem Polarstern den Rücken zukehren, blicken Sie nach Süden und haben linker Hand Osten, rechter Hand dagegen Westen.

EIN GEEIGNETER BEOBACHTUNGSPLATZ

Wer den nächtlichen Himmel möglichst „ungestört" beobachten möchte, muss in der Regel relativ weite Wege zurücklegen. Zahllose Lampen zur Beleuchtung öffentlicher Straßen oder privater Gärten sind nämlich leider so gestaltet, dass sie einen Großteil des Lichtes nicht nach unten leiten, sondern seitlich oder gar himmelwärts entweichen lassen. Dieses Licht stört die Beobachtung des Sternhimmels sehr, zumal es zusätzlich an Staub- und Dunstpartikeln gestreut wird. In Städten und Orten sind deswegen nur noch die hellsten Sterne erkennbar. Daher sollte der Himmel an Ihrem Beobachtungsort nicht zu sehr von irdischen Störlichtern aufgehellt werden. Wo der Himmel in unserem Land wirklich noch dunkel ist, kann man zum Beispiel im Internet unter folgender Adresse erfahren: *www.lichtverschmutzung.de*. Der Standort sollte außerdem eine möglichst freie Rundumsicht gewähren, vor allem nach Süden. Ein freier Blick bis herunter zum

Die Sterne im Sternbild Stier zeichnen Kopf und Hörner nach und der rote Aldebaran sowie die Sternhaufen der Hyaden und Plejaden helfen beim Auffinden.

Horizont ist schön, aber nur bei der Suche nach dem sonnennächsten Planeten Merkur wirklich erforderlich – alle übrigen Beobachtungsobjekte schaut man sich besser an, wenn sie höher am Himmel stehen. Je höher sie über dem Horizont stehen, desto weniger wird ihr Licht durch die irdische Atmosphäre geschwächt oder beeinflusst.

AUSRÜSTUNG FÜR DIE BEOBACHTUNG

Wer es bequem haben möchte, nimmt sich einen Stuhl mit, etwa einen Campingstuhl mit Armlehnen. Auf diese Weise kann man sich einfacher Notizen machen oder die Arme aufstützen, wenn man den Himmel mit einem Fernglas beobachtet. Ein Beobachtungsbuch, in das eingetragen wird, was wann, wo und wie beobachtet wurde, ist auf jeden Fall nützlich. Mit seiner Hilfe kann man später eigene Beobachtungen rekonstruieren und vergleichen. Dazu braucht man natürlich auch eine geeignete Beleuchtung, die die Augen nicht blendet und ihre Anpassung an die dunkle Umgebung schont.

Hilfreich ist hierfür eine Lampe (Taschenlampe, Stirnlampe), deren Frontlinse mit roter Folie überklebt oder mit einem Rotfilter versehen wird, da unsere Augen für rotes Licht nicht so sehr empfindlich sind. Lassen Sie Ihren Augen hinreichend Zeit, sich an die Dunkelheit zu gewöhnen, um auch weniger helle Sterne zu erfassen. Das kann bis zu einer halben Stunde dauern.
Wer sich auf eine längere Beobachtungszeit einstellt, sollte sich hinreichend warm anziehen – in klaren Nächten kühlt die Luft deutlich stärker ab als unter einer Wolkendecke! Darüber hinaus kann ein (warmes) Getränk sowie eine Kleinigkeit zu essen nicht schaden, um sich auch von innen her aufzuwärmen beziehungsweise wach zu halten.
Wer regelmäßig den Himmel beobachtet, wird bald auch die einzelnen Sternbilder identifizieren wollen. Großer Wagen, Orion, Löwe, Schwan und Kassiopeia sind recht einprägsam, aber viele andere Figuren sind vielleicht doch nicht so leicht zu finden. Auch hierfür gibt es natürlich über dieses Buch hinaus weitere Hilfsmittel wie zum Beispiel das Büchlein *Basic Sternbilder* (s. Service S. 94), das die einzelnen Figuren im Detail vorstellt und beschreibt.
Abgesehen davon gilt auch hier die alte Weisheit, dass vor allem Übung den Meister macht …

MIT EINEM FERNGLAS BEOBACHTEN

Als erstes Beobachtungsinstrument empfiehlt sich der Einsatz eines in vielen Haushalten ohnehin vorhandenen Fernglases. Heutige Ferngläser haben sogar häufig eine bessere Qualität als die ersten Teleskope, mit denen die

Auf einem Fernglas sind dessen Objektivdurchmesser und Vergrößerung angegeben.

Beobachter vor rund 400 Jahren ihre revolutionären Entdeckungen gemacht haben. Der Objektivdurchmesser sollte allerdings möglichst 40 Millimeter oder größer sein, wenn man wirklich mehr als mit bloßem Auge sehen möchte. Man findet diesen Wert als zweite Zahl bei der typischen Charakterisierung eines Fernglases: Ein 6 × 42-Fernglas beispielsweise hat bei einer sechsfachen Vergrößerung einen Objektivdurchmesser von 42 Millimetern, und ein 10 × 50-Glas vergrößert zehnfach bei einem Objektivdurchmesser von 50 Millimetern. Teilt man die zweite Zahl durch die erste, so sagt das Ergebnis etwas über die Lichtstärke des Instruments aus. Dieser Wert liegt meist zwischen drei und sieben und ist umso besser, je näher er bei sechs liegt (für jüngere Sternfreunde darf er auch bei sieben liegen).
Auf jeden Fall sollte man ein Fernglas abstützen, denn schon das leiseste Zittern der Hände wird gnadenlos mitvergrößert, und bei einem Blick weit nach oben lässt sich ein Zittern kaum vermeiden – vor allem dann, wenn man den Körper zurücklehnen muss. Dazu gibt es Adapter, mit denen man ein Fernglas auf ein (stabiles) Stativ schrauben und auf ein Himmelsobjekt ausrichten kann. So kann man nicht nur selbst in Ruhe ein Objekt anschauen, sondern auch einem Begleiter das gewünschte Objekt zeigen.

ERSTE ASTROFOTOS

Mitunter möchte man eine bestimmte Konstellation auch fotografisch dokumentieren. Mit einer Digitalkamera geht das ziemlich problemlos, wenn man entweder die Empfindlichkeit des Apparates oder die Belichtungszeit ändern und von Hand einstellen kann. Bei Belichtungszeiten unterhalb von fünf bis zehn Sekunden bleiben die Sterne trotz der Drehung der Erde noch weitgehend punktförmig – zumindest dann, wenn man mit einer Normaloptik oder einem leichten Teleobjektiv fotografiert. Mit Empfindlichkeitswerten um 400 ISO kann man bei den genannten Belichtungszeiten alle Sterne festhalten, die mit dem bloßen Auge zu erkennen sind, und so etwa die Begegnung des Mondes mit einem Planeten oder einem helleren Fixstern für die Nachwelt aufzeichnen. Was es sonst noch am Nachthimmel und auch am Taghimmel Spannendes zu sehen und zu fotografieren gibt, dazu bietet z. B. das Buch *Astrofotografie ganz einfach* zahlreiche Anregungen und Tipps (siehe Seite 94).

Partielle Sonnenfinsternis am 2. August

Nach der recht „tiefen" partiellen Sonnenfinsternis am 12. August vergangenen Jahres, bei der die Totalitätszone quer über Spanien verlief und über Mallorca endete, können wir in diesem Jahr am späten Vormittag des 2. August erneut Zeuge einer solchen Finsternis werden. Dabei verläuft die Totalitätszone allerdings weiter südlich, nahezu entlang der nordafrikanischen Mittelmeerküste, sodass der Verfinsterungsgrad bei uns nicht mehr so groß ausfällt. Sie gehört zum Saroszyklus 136, der uns in der Vergangenheit besonders lange totale Finsternisse beschert hat: Im Maximum (am 20. Juni 1955) dauerte die totale Verfinsterung für einen Beobachter im Südchinesischen Meer immerhin 7 Minuten und 8 Sekunden! Die maximale Totalitätsdauer im Zeitraum zwischen –1999 und +3000 wird übrigens am 16. Juli 2186 nördlich der Amazonasmündung erreicht, wenn die Sonne dort für 7 Minuten und 29 Sekunden verfinstert wird.
Die Finsternis in diesem Jahr beginnt für Beobachter auf 10° Ost/50° Nord gegen 10:09 Uhr, wenn sich der Neumond von rechts oben kommend vor die Sonne schiebt. Eine gute Stunde später (11:10 Uhr) wird die maximale Bedeckung (54 Prozent) erreicht, und gegen 12:12 Uhr

Kurz nach 11 Uhr erreicht die partielle Sonnenfinsternis am 2.8. ihr Maximum (siehe Tabelle auf der nächsten Seite).

ist das Schauspiel zu Ende; die Tabelle nennt die Kontaktzeiten und den Bedeckungsgrad für weitere Orte:

Ort	Erster Kontakt	Maximum	Letzter Kontakt	Größe
Berlin	10:17	11:14	12:12	0,45
Hamburg	10:16	11:11	12:07	0,43
Köln	10:08	11:07	12:07	0,52
Leipzig	10:14	11:13	12:13	0,49
München	10:08	11:11	12:17	0,59
Wien	10:14	11:17	12:22	0,56
Zürich	10:04	11:08	14:14	0,63

Für die Beobachtung der Finsternis besonders geeignet sind sogenannte Finsternisbrillen, die das Auge wirksam vor der extrem energiereichen Sonneneinstrahlung schützen. Wer keine solche Brille zur Verfügung hat, tut gut daran, das Sonnenbild nur indirekt zu betrachten, etwa mit Hilfe einer reflektierenden Wasseroberfläche oder einer reflektierenden dunklen Glasscheibe (Handy) – **auf keinen Fall darf man mit einem optischen Gerät (Fernglas oder gar Teleskop) ohne zuverlässiges, sicheres Sonnenfilter die Sonne betrachten!**

Eine fast totale Halbschatten-Mondfinsternis

Während die Sonne im strengen Sinne nicht verfinstert, sondern lediglich vom Mond bedeckt wird, handelt es sich bei Mondfinsternissen um echte Verfinsterungen. 2027 können wir aber lediglich Zeuge einer (fast totalen) Halbschattenfinsternis werden, die in der Nacht auf den 21.2. gegen Mitternacht stattfindet. Weil der Mond bereits am Morgen des 20.2. (und damit fast 18 Stunden) vor der Vollmondstellung durch den absteigenden Bahnknoten zieht, steht er zur exakten Vollmondphase bereits zu weit südlich, um noch vom Kernschatten der Erde getroffen zu werden, verfehlt den Erdschatten aber nur wenig. Das führt dazu, dass der Vollmond fast vollständig in den Halbschatten der Erde eintaucht, dessen „Breite" nur wenig geringer als der Monddurchmesser ausfällt. Zum Maximum der Finsternis (gegen 0:13 Uhr MEZ am 21.2.) wird der Vollmond daher einen erkennbaren Helligkeitsverlauf von oben (dunkler) nach unten (heller) zeigen. Zusammen mit den beiden „Oppositionsplaneten" Jupiter und Mars und dem hellen Regulus ergibt sich dann ein ganz besonderer Himmelsanblick.

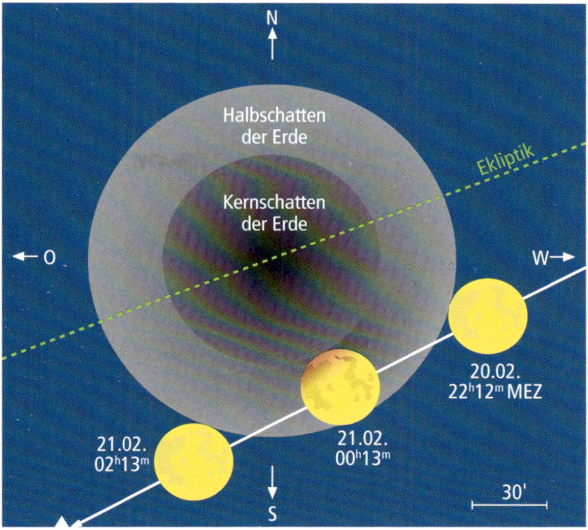

In der Nacht zum 21.2. steht der Vollmond schon zu weit südlich der Ekliptik, als dass er noch in den Kernschatten der Erde eintauchen könnte.

Wenn der Mond die Plejaden „frisst"

Neben der Sonne bedeckt der Mond in diesem Jahr noch zahlreiche andere Sterne, darunter auch wieder viermal das Siebengestirn der Plejaden: Am späten Abend des 13.03., kurz nach Mitternacht am 25.08., am frühen Abend des 14.11. und am Morgen des 12.12. vor Sonnen-

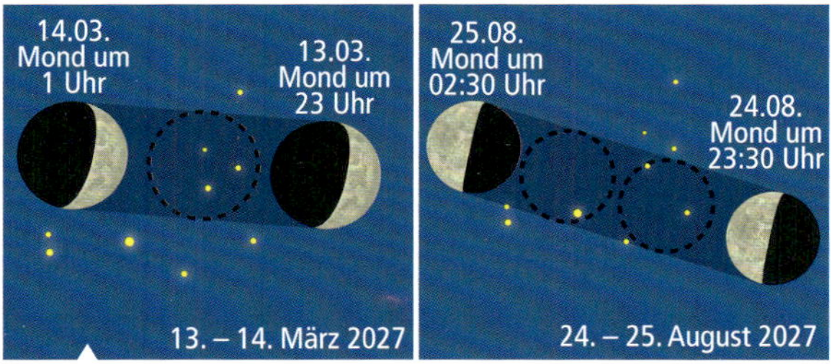

Im März bedeckt der zunehmende Mond drei Plejadensterne, im August der abnehmende Mond je nach Beobachtungsort bis zu sechs.

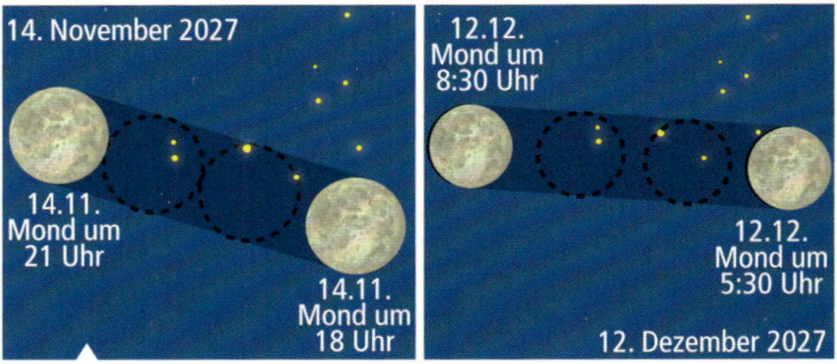

Im November schiebt sich der fast volle Mond durch den südlichen Teil der Plejaden, einen Monat später verläuft seine Bahn ein wenig weiter nördlich.

aufgang. Während im März nur Taygeta und Maia erfasst werden, sind es im August Electra, Maia, Merope und Alcyone, im November Merope, Alcyone und Atlas und im Dezember schließlich Electra, Merope, Alcyone und Atlas; allerdings spielt sich diese letzte Plejaden-Bedeckung kurz vor dem Untergang des Mondes ab, sodass das Verschwinden von Atlas bestenfalls noch im Westen des Landes beobachtet werden kann ...

„Doppel-Opposition" im Februar

In diesem Jahr kommt es darüber hinaus zu einer zeitnahen „Doppel-Opposition" von Mars und Jupiter im Sternbild Löwe: Jupiter erreicht seine Gegenüberstellung zur Sonne am 11. Februar, Mars nur acht Tage später. Das führt dazu, dass die beiden auffälligen Planeten ihre Oppositionsschleifen unweit von Regulus vollführen und ein direkter Vergleich dieser Erscheinung möglich wird. Eine ähnliche Doppel-Opposition von Jupiter und Mars gab es bereits 1980 an fast der gleichen Stelle. Damals stand Jupiter am 24.2. in Opposition zur Sonne, Mars nur einen Tag später. Der gegenüber diesem Jahr noch kleinere Abstand der Oppositionsdaten führte damals sogar zu einer dreifachen Konjunktion von Mars und Jupiter: Bei der ersten Begegnung Mitte Dezember 1979 zog Mars gut 1,6 Grad nördlich an Jupiter vorbei, während der rückläufigen Phase Ende Februar 1980 gut 3° und zuletzt wieder rechtläufig Anfang Mai in einem Abstand von 0,75°. Seither hat Jupiter 43-mal in Opposition gestanden und viermal die gesamte Ekliptik durchlaufen, während Mars 22-mal in Opposition stand und 25-mal die Sonne umrundet hat.

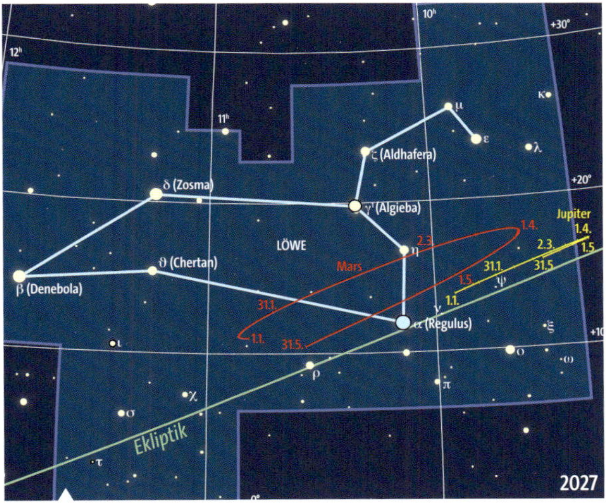

2027 ziehen Jupiter und Mars ihre Oppositionsschleifen nahezu synchron durch den Westteil des Sternbilds Löwe.

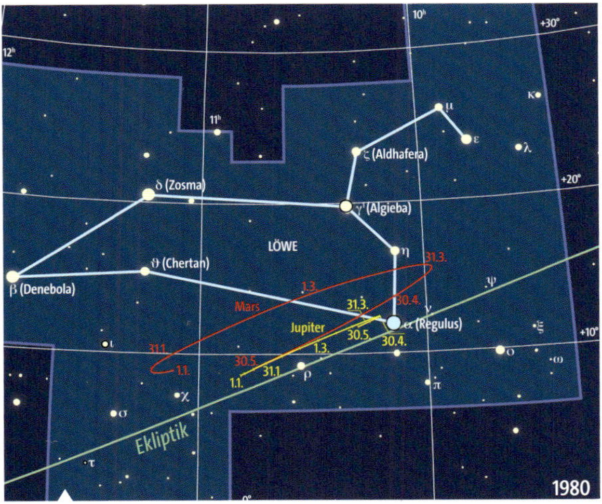

Vor 47 Jahren, 1980, kam es in der gleichen Himmelsgegend sogar zu einer dreifachen Konjunktion von Jupiter und Mars.

Was sich am Himmel tut

	abends nachts morgens	Mondphase	Aufgang Untergang
Neujahr 1 Fr	Merkur in oberer Konjunktion 3h Mond 3° südl. von Spica		02:15 12:01
2 Sa			03:30 12:21
3 So	Venus in gr. westl. Elongation (47°), 3h Erde in Sonnennähe (147,1 Mio. km)		04:42 12:45
4 Mo	5h Quadrantiden-Meteorschauer im Maximum		05:52 13:18
5 Di			06:54 14:00
Dreikönige 6 Mi			07:46 14:54
7 Do	9h Mond in Erdferne (406.610 km)		NM 21:26 08:27 15:57
8 Fr			08:58 17:05
9 Sa	Venus wechselt ins Sternbild Skorpion		09:22 18:15
10 So	Mars beginnt Oppositionsschleife 17h Mond im aufsteigenden Knoten		09:41 19:27
11 Mo			09:56 20:37
12 Di			10:09 21:47
13 Mi			10:22 22:58
14 Do	Venus wechselt ins Sternbild Schlangenträger		10:35 --
15 Fr			EV 21:36 10:50 00:12

Merkur Venus Mars Jupiter Saturn Mond

	abends / nachts / morgens	Mond-phase	Aufgang Untergang
16 Sa	6^{h} Venus 8° nördl. von Antares		11:08 01:29
17 So			11:32 02:50
18 Mo	3^{h} Mond 5° westl. der Plejaden 18^{h} Mond 5° östl. der Plejaden		12:05 04:14
19 Di	21^{h}49^{m} höchste Mondkulmination (67,3°)		12:53 05:35
20 Mi			14:01 06:45
21 Do	23^{h} Mond in Erdnähe (357.285 km)		15:25 07:39
22 Fr	1^{h} Mond 5° südl. von Pollux Größter Vollmond des Jahres	VM	13:19 16:57 08:16
23 Sa	18^{h} Mond im absteigenden Knoten		18:29 08:43
24 So	1^{h} Mond 2° südl. von Jupiter 7^{h} Mond 3° östl. von Regulus		19:57 09:04
25 Mo	5^{h} Mond 7° südl. von Mars		21:21 09:20
26 Di			22:41 09:36
27 Mi			23:59 09:50
28 Do	7^{h} Mond 4° südl. von Spica		-- 10:06
29 Fr		LV	11:57 01:16 10:25
30 Sa			02:30 10:48
31 So	Venus wechselt ins Sternbild Schütze 7^{h} Mond 8° westl. von Antares		03:42 11:18

Sonne und Planeten

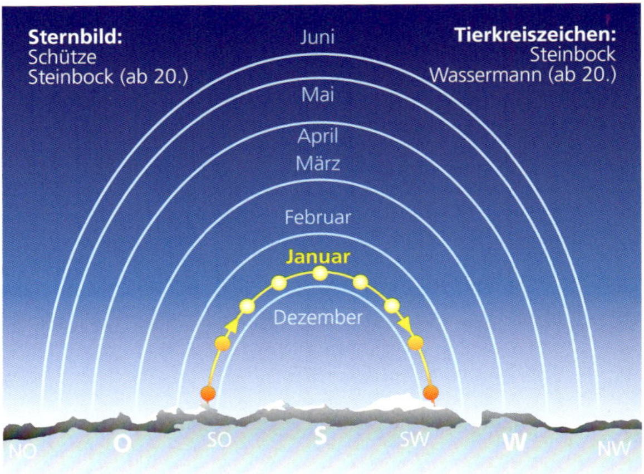

Dämmerung Anfang	Sonne Aufgang		Sonne Untergang	Dämmerung Ende
6:59	8:18	1.1.	16:28	17:48
6:55	8:12	16.1.	16:48	18:05

Die **SONNE** wandert durch das Sternbild Schütze und erreicht am 20.1. den Steinbock; am gleichen Tag wechselt sie in das Tierkreiszeichen Wassermann. Die Mittagshöhe nimmt von 17° auf 23° zu, die Länge des lichten Tages von 8:10 Stunden auf 9:17 Stunden.

MERKUR steht am 1.1. in oberer Konjunktion, taucht aber Ende des Monats am südwestlichen Abendhimmel auf.

VENUS erreicht am 3.1. eine größte westliche Elongation von 47° und geht als strahlender „Morgenstern" rund vier Stunden vor der Sonne auf.

MARS hält am 10.1. in seiner ostwärts gerichteten Bewegung inne und beginnt mit seiner Oppositionsschleife.

JUPITER bewegt sich rückläufig durch den Löwen und geht zuletzt eine gute Stunde nach Sonnenuntergang auf.

SATURN wandert rund 2,5 Grad südlich der Ekliptik langsam ostwärts durch die Nordwestecke des Walfisches und verlegt seinen Untergang in die Zeit vor Mitternacht.

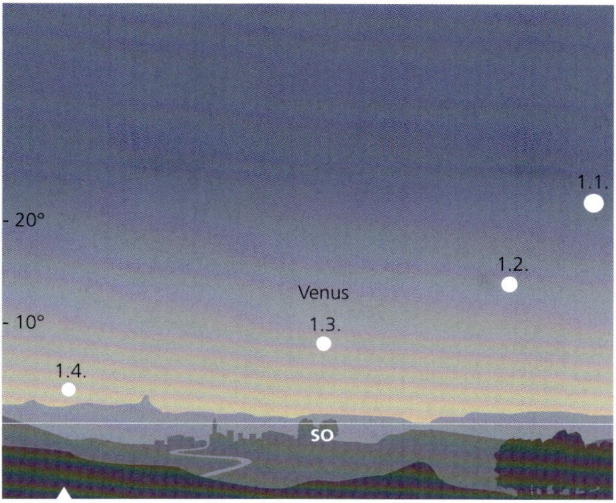

Nach der größten westlichen Elongation Anfang Januar geht die Sichtbarkeitsdauer der Venus am Morgenhimmel ziemlich bald zurück.

DIE VENUS AM MORGENHIMMEL

Zu Beginn des Jahres fällt bei klarem Himmel während der morgendlichen Dämmerung im Südosten ein heller Lichtpunkt auf, der auch dann noch sichtbar bleibt, wenn die anderen Sterne bereits verblasst sind. Doch keine Sorge – dahinter verbirgt sich weder ein UFO noch eine Späh-Drohne, sondern die Venus, der innere Nachbarplanet der Erde. Als „Morgenstern" erreicht sie am 3.1. ihren größten Winkelabstand zur Sonne und geht dann fast vier Stunden vor der Sonne auf.

KLEINER UND DICKER WERDEND

Wer sie in den nächsten Wochen regelmäßig mit einem kleinen Teleskop beobachtet, sieht zunächst eine vom abnehmenden Halbmond her bekannte Phasengestalt, die bei allmählich schrumpfender Größe langsam immer „dicker" wird: Venus entfernt sich auf ihrer schnelleren Bahn um die Sonne zunehmend von der Erde, und dabei fällt unser Blick auf einen immer größer werdenden Anteil ihrer Tagseite. Mitte Februar ist Venus bereits ebenso weit von uns entfernt wie die Sonne. Ab Ende März, wenn Venus, Sonne und Erde von außen betrachtet ein rechtwinkliges Dreieck bilden, steht Venus gewissermaßen „auf der anderen Seite" und geht nur noch eine Stunde vor der Sonne auf.

Sterne und Sternbilder

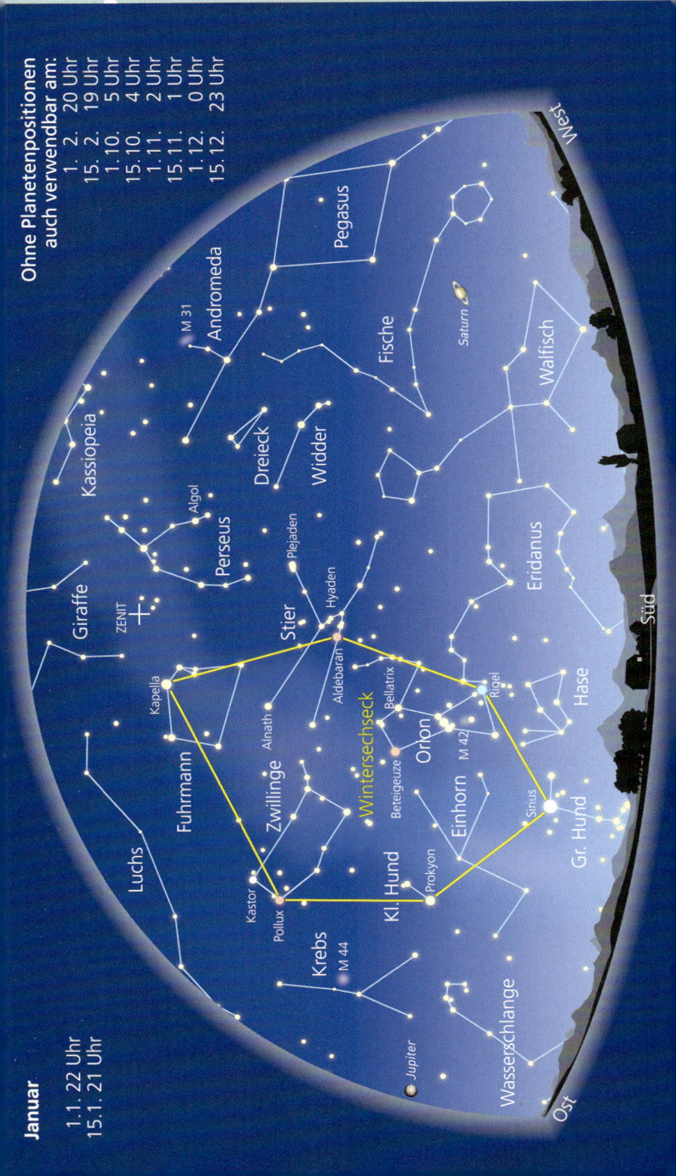

DER STERNHIMMEL IM JANUAR

Zu Beginn des Jahres präsentiert sich der abendliche Sternhimmel mit großer Pracht: Zur gewohnten Beobachtungszeit (gegen 21 Uhr zur Monatsmitte, am Monatsanfang eine Stunde später) lassen sich selbst von dort, wo es nicht ideal dunkel ist, zumindest in der Osthälfte des Himmels zahlreiche Lichtpunkte erkennen. Zwar blicken wir dabei jetzt keineswegs in Richtung zum Zentrum der Milchstraße, sondern eher in die Gegenrichtung, aber dort finden wir viele hellere Sterne, die uns noch dazu recht nahe stehen.

HELL, WEIL NAHE

Einer der nächsten Nachbarn der Sonne ist Sirius, der Hauptstern im Großen Hund, der noch tief über dem Südosthorizont funkelt. Knapp neun Jahre braucht das Licht von dort bis zu uns. Sirius enthält etwa doppelt so viel Materie wie die Sonne und strahlt rund 25-mal heller als diese. Beides zusammen – die größere Leuchtkraft und die geringe Entfernung – lassen Sirius als den (nach der Sonne) hellsten Stern am irdischen Himmel erstrahlen. Dabei sorgt seine Oberflächentemperatur von rund 10.000 Grad dafür, dass er nahezu weißes Licht ausstrahlt – sein gelegentliches Funkeln in unterschiedlichsten Farben entsteht erst durch die Lichtbrechung in der irdischen Atmosphäre.

DAS WINTERSECHSECK

Der Große Hund ist das letzte der klassischen Wintersternbilder, die jetzt am Osthimmel emporsteigen, und Sirius markiert einen der Eckpunkte des großen Wintersechsecks aus hellen Sternen. Von ihm aus rechts oberhalb (also gegen den Uhrzeigersinn) leuchtet Rigel, ein Fußstern des Orion, weiter oben der orangerote Aldebaran im Stier und fast im Zenit die gelbliche Kapella im Fuhrmann. Von dort geht es weiter nach links unten zu den beiden Zwillingssternen Kastor und dem etwas helleren Pollux und dann zu Prokyon im Kleinen Hund. Auch Prokyon ist mit rund 11,4 Lichtjahren Entfernung noch recht nahe. Weil er aber nur etwa anderthalbfache Sonnenmasse besitzt und entsprechend weniger heiß an seiner Oberfläche ist als Sirius, strahlt er nur rund siebenmal so hell wie die Sonne.

NICHT VERGESSEN!

Der sonnennahe Merkur, der am 3.2. eine größte östliche Elongation erreicht, taucht in den letzten Januartagen und Anfang Februar tief über dem Südwesthorizont auf; am 8.2. steht die schmale Mondsichel rund 6 Grad über dem seltenen Himmelsgast.

Was sich am Himmel tut

	abends nachts morgens	Mond-phase	Aufgang Untergang
1 Mo	7ʰ Mond 4° südöstl. von Antares		04:47 11:57
2 Di			05:43 12:47
3 Mi	Merkur in gr. östl. Elongation (18,3°), **Abendsichtbarkeit** 15ʰ Mond in Erdferne (406.189 km)		06:27 13:47
4 Do			07:02 14:54
5 Fr	Merkur in Sonnennähe (46 Mio. km)		07:28 16:04
6 Sa	17ʰ Ringförmige Sonnenfinsternis (bei uns nicht sichtbar) 23ʰ Mond im aufsteigenden Knoten		NM 16:57 07:48 17:16
7 So			08:04 18:27
Rosenmontag 8 Mo			08:17 19:38
Fastnacht 9 Di			08:30 20:49
Ascher-mittwoch 10 Mi			08:43 22:01
11 Do	**Jupiter in Opposition** Späteste Mittagsstellung der Sonne (12ʰ34ᵐ)		08:57 23:17
12 Fr			09:14 --
13 Sa			09:35 00:35
14 So	19ʰ Mond 1° nördl. der Plejaden		EV 09:00 10:03 01:56
15 Mo			10:43 03:16

Merkur Venus Mars Jupiter Saturn Mond

	abends / nachts / morgens	Mondphase	Aufgang / Untergang
16 Di			11:40 04:28
17 Mi			12:54 05:28
18 Do	Merkur in unterer Konjunktion 5h Mond 6° südwestl. von Pollux 19h Mond 8° südöstl. von Pollux		14:20 06:10
19 Fr	**Mars in Opposition** 9h Mond in Erdnähe (361.015 km)		15:52 06:42
20 Sa	1h Mars in Erdnähe (101,4 Mio. km), 6h Mond i. absteig. Knoten u. 2° südl. v. Jupiter 21h Mond 2° südl. von Regulus		17:22 07:05
21 So	**0h Halbschatten-Mondfinsternis** 1h Mond 7° südl. von Mars	VM 00:25	18:48 07:23
22 Mo			20:12 07:39
23 Di	Saturn wechselt ins Sternbild Fische		21:33 07:55
24 Mi	6h Mond 7°westl. von Spica 21h Mars 4° nördl. von Regulus		22:53 08:10
25 Do	0h Mond 6° südöstl. von Spica		-- 08:28
26 Fr			00:11 08:50
27 Sa			01:26 09:18
28 So	6h Mond 1° südwestl. von Antares	LV 06:18	02:35 09:53

FEB

Sonne und Planeten

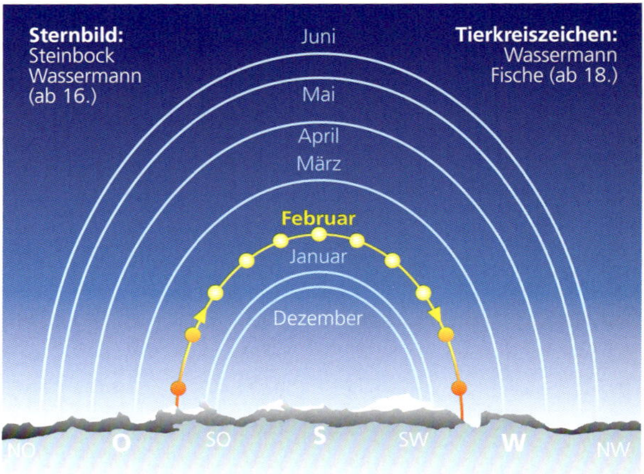

Dämmerung Anfang	Sonne Aufgang		Sonne Untergang	Dämmerung Ende
6:40	7:54	1.2.	17:14	18:27
6:18	7:30	16.2.	17:40	18:51

Die **SONNE** wandert zunächst durch das Sternbild Steinbock und erreicht am 16.2. den Wassermann; am 18.2. wechselt sie in das Tierkreiszeichen Fische. Die Mittagshöhe nimmt von 23° auf 32° zu, die Länge des lichten Tages entsprechend von 9:20 Stunden auf 10:54 Stunden.

MERKUR erreicht am 3.2. seine größte östliche Elongation (18°) und kann anfangs am frühen Abendhimmel erspäht werden; am 18.2. durchläuft er die untere Konjunktion.

VENUS rückt wieder langsam näher an die Sonne heran, bleibt aber strahlender Glanzpunkt am Morgenhimmel.

MARS steht am 19.2. in Opposition zur Sonne und zieht seine Bahn langsam westwärts durch den Löwen.

JUPITER steht am 11.2. in Opposition zur Sonne und ist dann die ganze Nacht über im Westteil des Löwen zu beobachten.

SATURN wird allmählich von der nachrückenden Sonne eingeholt und geht zuletzt drei Stunden nach ihr unter.

Im Februar erreichen Jupiter und Mars im Abstand weniger Tage ihre Oppositionsstellung zur Sonne (Fotos: HST).

JUPITER UND MARS IN OPPOSITION

Im Februar lenkt ein interessantes „Doppelgestirn" die Blicke der Himmelsbeobachter auf sich: Es sind allerdings keine Sterne, sondern Mars und Jupiter, die beiden äußeren Nachbarplaneten der Erde, die im Abstand von nur acht Tagen der Sonne am Himmel gegenüber stehen, sodass sie die ganze Nacht hindurch beobachtet werden können. Auf ihren Oppositionsschleifen bewegen sie sich jetzt unweit von Regulus westwärts durch das Sternbild Löwe; dabei lassen sich die jeweiligen Bewegungen der Planeten relativ zu „ortsfesten" Fixsternen schon nach wenigen Tagen erkennen (siehe auch Seite 19).

EIN HIMMLISCHER PAARTANZ

Aufgrund der unterschiedlichen Entfernungen zur Erde fällt die tägliche Bewegung von Mars deutlich größer aus als die von Jupiter, und so schrumpft der gegenseitige Winkelabstand von gut 14 Grad am Monatsanfang auf knapp 8 Grad zum Monatsende. Im Laufe des Monats zieht Mars am 24.2. in einem Abstand von etwa 4 Grad nördlich an Regulus vorbei, während Jupiter seine Distanz zu Regulus um etwa 3,5 Grad vergrößert. Am 20.2. gesellt sich schließlich noch der Vollmond zu dieser Gruppe, der dann ja auch in Opposition zur Sonne steht.

Sterne und Sternbilder

Februar

1.2. 22 Uhr
15.2. 21 Uhr

Ohne Planetenpositionen auch verwendbar am:

1. 3.	20 Uhr
15. 10.	6 Uhr
1. 11.	4 Uhr
15. 11.	3 Uhr
1. 12.	2 Uhr
15. 12.	1 Uhr
1. 1.	0 Uhr
15. 1.	23 Uhr

DER STERNHIMMEL IM FEBRUAR

Mittlerweile hat die Gruppe der Wintersternbilder um den Himmelsjäger Orion zur gewohnten Beobachtungszeit den Südhimmel erreicht und dabei die Mittagslinie, die den Himmel in eine West- und eine Osthälfte unterteilt, schon zur Hälfte überschritten: Kapella, Aldebaran und Rigel stehen bereits rechts vom Meridian, Sirius, Prokyon und Pollux noch links davon.

MASSE BRINGT HELLIGKEIT

Im vergangenen Monat haben wir gesehen, dass diese Eckpunkte des Wintersechsecks trotz vergleichbarer Helligkeit recht verschieden weit von uns entfernt sind und daher in Wirklichkeit sehr unterschiedlich hell leuchten müssen; diese Unterschiede liegen im Wesentlichen an der jeweiligen Masse der einzelnen Sterne nach dem Motto „je massereicher, desto heller". Mit wachsendem Alter der Sterne spielt aber auch der Durchmesser eine Rolle für die Sternhelligkeit, und der kann sich – abhängig von der Masse – im Laufe eines Sternenlebens stark verändern.

EIN ROTER GIGANT

Betrachten wir dazu einmal Beteigeuze, den orangerötlichen Stern an der linken Schulter des Himmelsjägers Orion. Er enthält zwar ähnlich viel Materie wie Rigel (rund 18-fache Sonnenmasse), ist aber nur rund 500 Lichtjahre entfernt, sollte also eigentlich heller als Rigel leuchten. Beteigeuze ist aber schon etwas älter als Rigel und hat sich entsprechend zu einem roten Giganten mit mehr als 600-fachem Sonnendurchmesser aufgebläht. Dadurch erscheint er an der Oberfläche deutlich kühler als Rigel und kann nur wegen seiner enormen Größe ähnlich viel Licht abstrahlen wie dieser.

DIE ZUKUNFT DER SONNE

Ähnlich orangerötlich wie Beteigeuze erscheint Aldebaran, das Auge des Stiers, das am Himmel gut 20 Grad weiter westlich zu finden ist. Dort steht aber kein massereicher, roter Sterngigant, sondern ein ursprünglich sonnenähnlicher Stern mit 1,2 Sonnenmassen, der sich aufgrund seines fortgeschrittenen Alters von gut 6 Milliarden Jahren bereits auf dem Weg zum roten Riesen befindet und derzeit etwa 45-fachen Sonnendurchmesser aufweist; das reicht für eine 440-fache Sonnenleuchtkraft, die den rund 66 Lichtjahre entfernten Aldebaran immerhin noch heller erscheinen lässt als den nur halb so weit entfernten Pollux im Sternbild Zwillinge. Auch unsere Sonne wird in einigen Milliarden Jahren eine solche Entwicklung nehmen und sich dabei bis in die Nähe der Erdbahn aufblähen.

Was sich am Himmel tut

	abends / nachts / morgens	Mondphase	Aufgang Untergang
1 Mo	Venus wechselt ins Sternbild Steinbock		03:36 10:39
2 Di			04:25 11:36
3 Mi	7h Mond in Erdferne (405.221 km)		05:03 12:41
4 Do	6h Mond 7° südwestl. von Venus		05:31 13:51
5 Fr	Mars in Sonnenferne (249,25 Mio. km)		05:53 15:02
6 Sa	6h Mond im aufsteigenden Knoten		06:10 16:13
7 So			06:25 17:25
8 Mo			NM 10:31 06:38 18:37
9 Di			06:52 19:50
10 Mi			07:06 21:05
11 Do			07:22 22:23
12 Fr			07:41 23:44
13 Sa	**23h Mond bedeckt Plejaden**		08:07 --
14 So			08:42 01:04
15 Mo			EV 17:26 09:33 02:18

Merkur Venus Mars Jupiter Saturn Mond

	abends nachts morgens	Mondphase	Aufgang Untergang
16 Di			10:39 03:21
17 Mi	Merkur in gr. westl. Elongation (27,6°) Jupiter wechselt ins Sternbild Krebs 19^h Mond 5° südl. von Pollux		11:59 04:07
18 Do			13:25 04:42
19 Fr	4^h Mond 5° westl. von Jupiter, 6^h Mond in Erdnähe (366.440 km), 14^h Mond i. absteig. Knoten, 20^h Mond 5° südl. von Mars		14:53 05:07
Frühlingsanfang 20 Sa	4^h Mond 3° westl. von Regulus **21^h25^m Sonne im Frühlingspunkt**		16:18 05:27
21 So			17:42 05:44
22 Mo	Merkur in Sonnenferne (69,7 Mio. km)	VM 11:45	19:04 05:59
23 Di			20:25 06:14
24 Mi	Venus wechselt ins Sternbild Wassermann 5^h Mond 4° südl. von Spica		21:45 06:31
25 Do			23:03 06:52
Karfreitag 26 Fr			-- 07:17
27 Sa	5^h Mond 6° westl. von Antares		00:17 07:50
Ostern 28 So	2^h Beginn der Sommerzeit (2^h MEZ = 3^h MESZ)		01:23 09:33
Ostern 29 Mo	21^h Mars 4° östl. von Jupiter		03:17 10:25
30 Di		LV 02:55	04:00 11:28
31 Mi	4^h Mond in Erdferne (404.331 km)		04:32 12:35

Sonne und Planeten

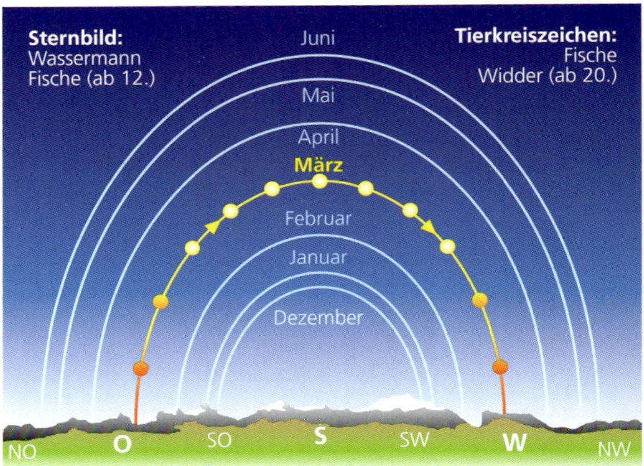

Dämmerung Anfang	Sonne Aufgang		Sonne Untergang	Dämmerung Ende
5:54	7:04	1.3.	18:02	19:12
5:23	6:32	16.3.	18:26	19:36

Die **SONNE** wandert zunächst durch das Sternbild Wassermann und erreicht am 12.3. die Fische; am 20.3. wechselt sie in das Tierkreiszeichen Widder. Die Mittagshöhe nimmt von 32° auf 44° zu, die Länge des lichten Tages entsprechend von 10:57 Stunden auf 12:50 Stunden.

MERKUR erreicht am 17.3. eine größte westliche Elongation zur Sonne, bleibt aber am Morgenhimmel unsichtbar.

VENUS zieht sich langsam vom Morgenhimmel zurück, da ihr Aufgangsvorsprung vor der Sonne rapide schrumpft.

MARS wird im Zuge seiner Oppositionsschleife im Sternbild Löwe allmählich wieder langsamer und verliert auch wieder an Helligkeit.

JUPITER vergrößert seinen westlichen Abstand zu Regulus noch etwas weiter und überschreitet am 17.3. die Grenze zum Krebs.

SATURN tritt noch vor der Monatsmitte von der Bühne ab und verschwindet im Glanz der Sonne.

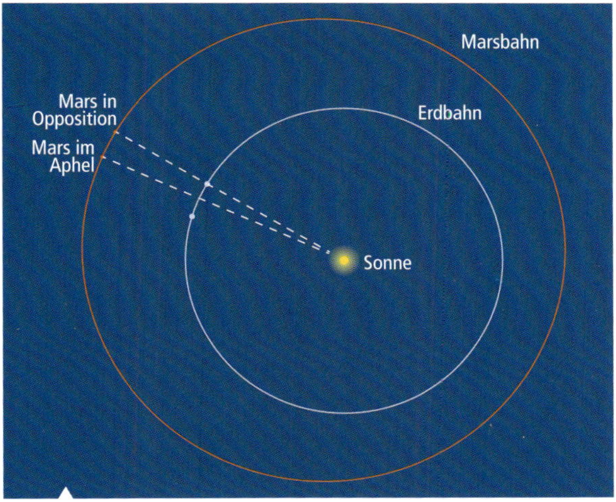

Der Grund für die vergleichsweise geringe Oppositionshelligkeit des Mars in diesem Jahr ist die derzeitige Sonnenferne des Planeten.

MARS IN SONNENFERNE

Bei seiner diesjährigen Oppositionsstellung erreichte Mars im vergangenen Monat eine Helligkeit von –1,3 Größenklassen und war damit nicht ganz so hell wie Sirius, der Hauptstern im Großen Hund, dessen Helligkeit mit –1,45 Größenklassen angegeben wird; Ende Juli 2018 erschien Mars dagegen deutlich heller (–2,76 Größenklassen) und übertraf damit sogar die Oppositionshelligkeit von Jupiter aus dem gleichen Jahr.

DIE ELLIPTISCHE MARSBAHN

Grund für diese ungleichen Oppositionshelligkeiten unseres äußeren Nachbarplaneten ist die auffallende Elliptizität der Marsbahn, die zu stark schwankenden Oppositionsdistanzen zwischen Mars und Erde führt: Während der rote Planet im Sommer 2018 bis auf gut 57,7 Millionen Kilometer an die Erde herankam, sank der Abstand im Februar dieses Jahres nicht unter 101,4 Millionen km – knapp zwei Wochen später, am 5.3., steht Mars nämlich im sonnenfernsten Punkt seiner elliptischen Bahn (im Aphel) und ist dann fast 250 Millionen km vom Zentralgestirn entfernt. Im sonnennächsten Punkt, dem Perihel, rückt Mars dagegen bis auf 207 Millionen km an die Sonne heran, und das sind immerhin gut 18 Prozent weniger. Bei der Erde beträgt der Unterschied nur etwa 3 Prozent.

Sterne und Sternbilder

DER STERNHIMMEL IM MÄRZ

Allmählich bahnt sich am abendlichen Sternhimmel ein deutlicher Wechsel an: Die Wintersternbilder um den Himmelsjäger Orion haben sich zur gewohnten Beobachtungszeit (zur Monatsmitte gegen 21 Uhr, am Monatsanfang eine Stunde später) auf den Westteil des Himmels verzogen, und von Osten rücken die Frühjahrsfiguren nach. Hier spielt der mächtige Löwe mit Regulus als hellstem Stern die Hauptrolle, die in diesem Jahr noch durch die beiden hellen Planeten Jupiter und Mars betont wird.

DER KLEINE KÖNIG

Regulus (lat., der kleine König) vereint etwa vier Sonnenmassen in seinem Innern und erreicht an seinem Äquator auch gut vierfachen Sonnendurchmesser. Da er sich allerdings in nur rund 16 Stunden um seine Achse dreht (und damit wesentlich schneller als die Sonne), ist er stark abgeplattet, sodass sein Poldurchmesser um rund ein Viertel geringer ausfällt; viel schneller dürfte er sich übrigens nicht drehen, da er sonst durch die auftretenden Fliehkräfte zerrissen würde. Er strahlt rund 340-mal so hell wie die Sonne und ist fast 80 Lichtjahre von uns entfernt.

EIN BLAUER ÜBERRIESE

Mehr als 15-mal so weit entfernt ist der Stern η Leonis, der rund fünf Grad nördlich von Regulus zu finden ist. Doch trotz dieser viel größeren Distanz erscheint er nur um gut zwei Größenklassen dunkler, weil er in Wirklichkeit rund 55-mal heller leuchtet als Regulus (oder so hell wie 19.000 Sonnen). Eta Leonis ist ein sogenannter blauer Überriesenstern mit 10-facher Sonnenmasse und einem etwa 45-fachen Sonnendurchmesser – er ist also ähnlich groß wie Aldebaran. Anders als dieser ist η Leonis aber mit 25 Millionen Jahren noch recht jung. Allerdings wird ein Stern von zehnfacher Sonnenmasse längst nicht so alt wie Aldebaran, denn auch bei Sternen ist Übergewicht ein entscheidender Risikofaktor: Nach weiteren 5 bis 6 Millionen Jahren dürfte er in einer Supernova enden.

M 44 – DIE „KRIPPE"

Zwischen dem Löwen und den Zwillingen weiter westlich findet man nahe der Nord-Süd-Linie im Sternbild Krebs den Sternhaufen M 44 (im Volksmund auch Krippe genannt), der von einem dunklen Standort aus mit bloßem Auge als blasser Lichtfleck erscheint. Ein Fernglas zeigt an dieser Stelle zwar nur rund zwei Dutzend Sterne, doch gehören insgesamt mehr als 1000 Sterne zu dieser etwa 600 Millionen Jahre alten Ansammlung in knapp 580 Lichtjahren Entfernung.

Was sich am Himmel tut

	abends – nachts – morgens	Mondphase	Aufgang / Untergang
1 Do	Mars beendet Oppositionsschleife		04:56 13:46
2 Fr	12h Mond im aufsteigenden Knoten		05:15 14:57
3 Sa			05:31 16:08
4 So	6h30m Mond 2° nördl. von Venus		05:45 17:20
5 Mo			05:59 18:33
6 Di			06:12 19:48
7 Mi	Saturn in Konjunktion mit der Sonne	NM 01:52	06:28 21:07
8 Do			06:46 22:28
9 Fr	23h Mond 5° westl. der Plejaden		07:11 23:51
10 Sa	22h Mond 9° östl. der Plejaden		07:44 --
11 So			08:30 01:08
12 Mo			09:32 02:14
13 Di	Jupiter beendet Oppositionsschleife		10:47 03:06
14 Mi	3h Mond in Erdnähe (370.001 km) 3h Mond 6° südl. von Pollux	EV 00:58	12:11 03:44
15 Do	19h Mond im absteigenden Knoten 22h Mond 4° südöstl. von Jupiter und 4° südwestl. von Mars		13:37 04:11

Merkur · Venus · Mars · Jupiter · Saturn · Mond

	abends / nachts / morgens	Mondphase	Aufgang Untergang
16 Fr	Venus wechselt ins Sternbild Fische 4ʰ Mond 4° südl. von Mars 22ʰ Mond 5° südöstl. von Regulus		15:00 04:31
17 Sa	Venus in Sonnenferne (108,9 Mio. km)		16:22 04:49
18 So			17:42 05:04
19 Mo			19:01 05:20
20 Di	5ʰ Mond 6° westl. von Spica 22ʰ Mond 7° südöstl. von Spica		20:21 05:36
21 Mi			VM 00:28 21:40 05:55
22 Do			22:56 06:17
23 Fr	2ʰ Lyriden-Meteorschauer im Maximum		-- 06:47
24 Sa	1ʰ Mond 1° südl. von Antares		00:06 07:26
25 So	Venus wechselt ins Sternbild Walfisch		01:06 08:15
26 Mo			01:54 09:15
27 Di	23ʰ Mond in Erdferne (404.170 km)		02:30 10:21
28 Mi	Merkur in oberer Konjunktion		LV 22:19 02:57 11:31
29 Do	Venus wechselt ins Sternbild Fische 15ʰ Mond im aufsteigenden Knoten		03:19 12:40
30 Fr			03:36 13:51

Sonne und Planeten

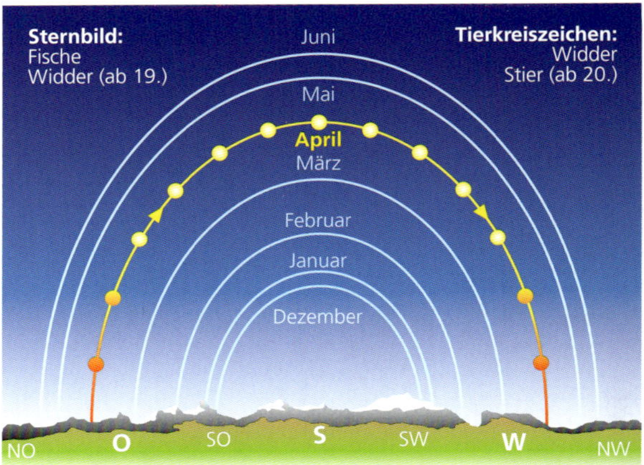

Dämmerung Anfang	Sonne Aufgang		Sonne Untergang	Dämmerung Ende
5:44	6:57	1.4.	19:52	21:04
5:10	6:26	16.4.	20:15	21:32

Die **SONNE** wandert durch das Sternbild Fische und erreicht am 19.4. den Widder; am 20.4. wechselt sie in das Tierkreiszeichen Stier. Die Mittagshöhe nimmt von 45° auf 55° zu, die Länge des lichten Tages von 12:54 Stunden auf 14:38 Stunden.

MERKUR durchläuft am 28.4. die obere Konjunktion und bleibt den ganzen Monat über unsichtbar am Taghimmel.

VENUS kann nur noch bei freiem Blick bis herunter zum Osthorizont am bereits stark aufgehellten Morgenhimmel erspäht werden.

MARS beendet am 1.4. seine Oppositionsschleife und wandert von nun an wieder ostwärts durch den Löwen.

JUPITER beendet am 13.4. seine Oppositionsschleife und zieht anschließend wieder langsam ostwärts in Richtung Löwe.

SATURN steht am 7.4. in Konjunktion mit der Sonne und bleibt den ganzen Monat über unsichtbar.

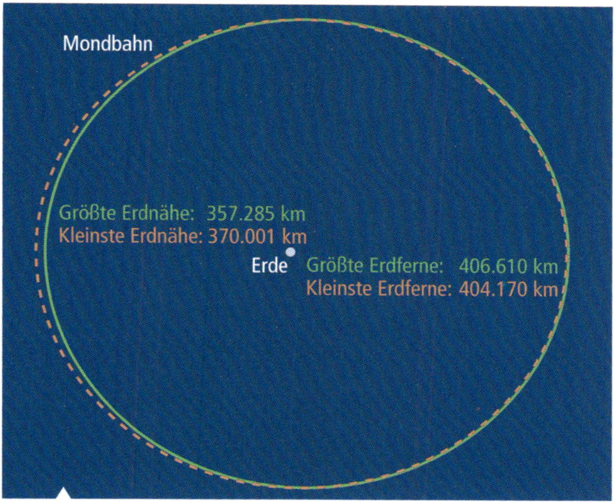

Die veränderliche Form der Mondbahn führt im Laufe eines Jahres zu Schwankungen der jeweils geringsten Monddistanz bei Vollmond.

DIE PULSIERENDE MONDBAHN

Seit einiger Zeit taucht in den Medien gelegentlich der Begriff vom „Supermond" auf, nämlich immer dann, wenn der Vollmond im erdnächsten Bereich der elliptischen Mondbahn eintritt. Dabei zieht der Mond jeden Monat einmal durch den erdnächsten Bereich (das Perigäum) seiner Bahn, aber weil zwischen zwei Durchgängen durch das Perigäum nur 27,55 Tage liegen, zwischen zwei Vollmondterminen dagegen im Mittel 29,53 Tage, präsentiert sich der Mond bei jedem Perigäumsdurchgang in einer anderen Phase.

DER EINFLUSS DER SONNE

Hinzu kommt, dass die Mondbahn selbst auch durch die Anziehungskraft der Sonne beeinflusst wird, die ihrerseits mit dem Sonnenabstand der Erde schwankt. So kommt es im Laufe eines Jahres zu recht unterschiedlichen kleinen und größten Abständen des Mondes – die Mondbahn pulsiert gewissermaßen. In diesem Jahr etwa kam der Mond im Januar bis auf 357.285 km an die Erde heran, nachdem er sich knapp 14 Tage zuvor bis auf 406.610 km von ihr entfernt hatte. In diesem Monat schrumpft der gegenseitige Abstand dagegen am 14.4. nur auf 370.001 km und erreicht am 27.4. einen Maximalwert von lediglich 404.170 km.

Sterne und Sternbilder

DER STERNHIMMEL IM APRIL

Mit der Umstellung der Uhren auf die Mitteleuropäische Sommerzeit sind auch die Sonnenuntergänge um eine Stunde nach hinten gerutscht, sodass die gewohnte Beobachtungszeit jetzt bei 22 Uhr zur Monatsmitte (am Monatsanfang eine Stunde später) liegt. Dann steht der mächtige Löwe am Südhimmel, während im Westen die ersten Wintersternbilder bald von der Himmelsbühne verschwinden. Hoch am Nordosthimmel dagegen strebt der Große Wagen als Teil des Sternbilds Großer Bär seiner Höchststellung entgegen.

BEWEGTER BÄR

Fünf der sieben Sterne, die die Umrisse eines Bollerwagens nachzeichnen, sind jeweils rund 80 Lichtjahre von uns entfernt und bewegen sich – für das bloße Auge natürlich unmerklich – in der gleichen Richtung durch den Raum. Sie sind Teil eines sogenannten Bewegungshaufens, zu dem auch andere Sterne nicht nur im Großen Bären gehören, so zum Beispiel Menkalinan im Fuhrmann, Gemma in der Nördlichen Krone und der Stern Skat im Wassermann. Solche Bewegungshaufen sind die Überreste von offenen Sternhaufen wie etwa der Krippe im Sternbild Krebs. In diesem Fall bewegt sich das Sonnensystem quer durch diesen ausgedehnten Haufen hindurch, ohne selbst dazu zu gehören.

LUCHSAUGEN FÜR DEN LUCHS

Zwischen dem Großen Bären nahe dem Zenit und den Zwillingen hoch am Südwesthimmel erstreckt sich das unscheinbare Sternbild Luchs, das im 17. Jahrhundert von dem Danziger Liebhaber-Astronomen Johann Hewelcke (lat.: Hevelius) eingeführt wurde. Es enthält neben einem Stern der dritten Größenklasse nur deutlich schwächere Lichtpunkte, sodass man eigentlich Luchsaugen braucht, um die langgestreckte Figur überhaupt zu erkennen. Trotzdem leuchten alle diese Sterne um ein Vielfaches heller als unsere Sonne, einige sogar heller als Sirius, und erscheinen nur aufgrund ihrer Distanz so lichtschwach.

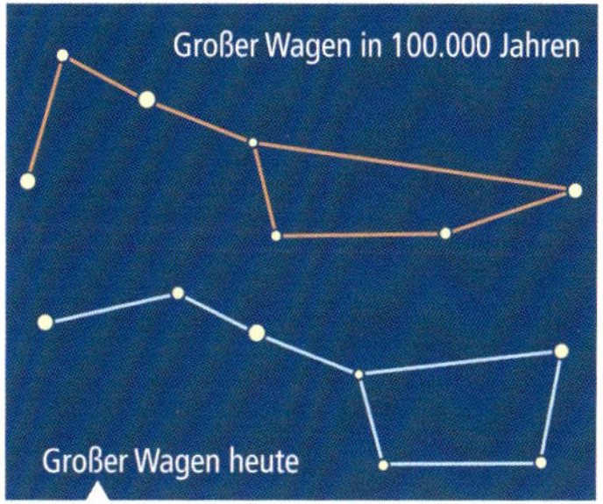

Bewegungshaufen Bärenstrom

Was sich am Himmel tut

	abends · nachts · morgens	Mondphase	Aufgang / Untergang
Maifeiertag 1 Sa			03:50 15:01
2 So			04:04 16:13
3 Mo			04:17 17:27
4 Di			04:32 18:43
5 Mi	Merkur in Sonnennähe (46 Mio. km) Eta-Aquariden-Meteorschauer im Maximum		04:50 20:05
Himmelfahrt 6 Do			NM 13:00 05:12 21:29
7 Fr			05:42 22:50
8 Sa			06:24 --
9 So	22h Mond in Erdnähe (366.635 km)		07:23 00:03
10 Mo	Jupiter wechselt ins Sternbild Löwe		08:36 01:01
11 Di	1h Mond 7° südwestl. von Pollux		09:59 01:44
12 Mi	19h Mond im absteigenden Knoten		11:25 02:14
13 Do	2h Mond 2° südl. von Jupiter, 22h Mond 3° südl. von Regulus und 4° südl. von Mars, 22h Mars 1° nördl. von Regulus		EV 06:45 12:49 02:37
14 Fr			14:10 02:55
15 Sa			15:29 03:11

	abends nachts morgens	Mond-phase	Aufgang Untergang
Pfingsten 16 So	Venus wechselt ins Sternbild Widder		16:47 03:26
Pfingsten 17 Mo	22^h Mond 4° südl. von Spica		18:04 03:42
18 Di			19:22 03:59
19 Mi			20:38 04:20
20 Do			VM 13:00 21:51 04:47
21 Fr	4^h Mond 3° westl. von Antares		22:54 05:23
22 Sa			23:47 06:08
23 So			-- 07:04
24 Mo			00:27 08:08
25 Di	17^h Mond in Erdferne (404.801 km)		00:58 09:17
26 Mi	17^h Mond im aufsteigenden Knoten		01:21 10:26
Fronleichnam 27 Do			01:40 11:36
28 Fr	Merkur in gr. östl. Elongation (22,9°) **Abendsichtbarkeit**		LV 15:59 01:55 12:45
29 Sa			02:09 13:55
30 So			02:22 15:06
31 Mo			02:36 16:19

Sonne und Planeten

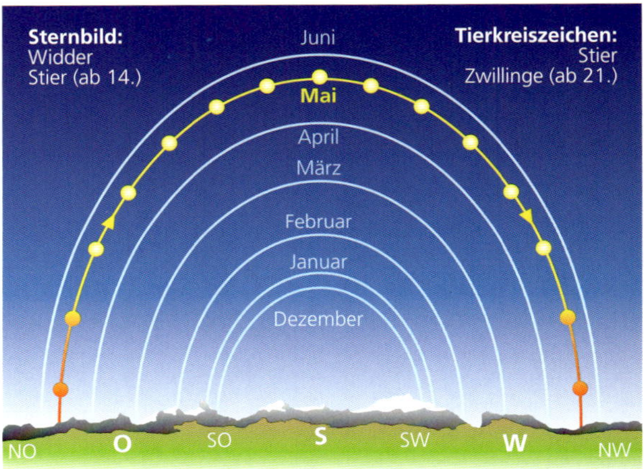

Dämmerung Anfang	Sonne Aufgang		Sonne Untergang	Dämmerung Ende
4:34	5:57	1.5.	20:38	22:02
4:01	5:34	16.5.	21:00	22:33

Die **SONNE** wandert zunächst durch das Sternbild Widder und erreicht am 14.5. den Stier; am 21.5. wechselt sie in das Tierkreiszeichen Zwillinge. Die Mittagshöhe nimmt von 55° auf 62° zu, die Länge des lichten Tages entsprechend von 14:41 Stunden auf 16:02 Stunden.

MERKUR taucht in der zweiten Maidekade am Abendhimmel auf und erreicht am 28.5. eine größte östliche Elongation zur Sonne von fast 23°.

VENUS kann ihren Aufgangsvorsprung vor der Sonne trotz schrumpfender Elongation noch einmal etwas vergrößern und so ihre Sichtbarkeit leicht verbessern.

MARS bewegt sich zunehmend schneller ostwärts durch den Löwen und verliert zugleich weiter an Helligkeit.

JUPITER bleibt Glanzpunkt am Abendhimmel, geht aber zunehmend früher unter.

SATURN kann sich am Morgenhimmel noch nicht so einfach gegen den Glanz der Sonne durchsetzen.

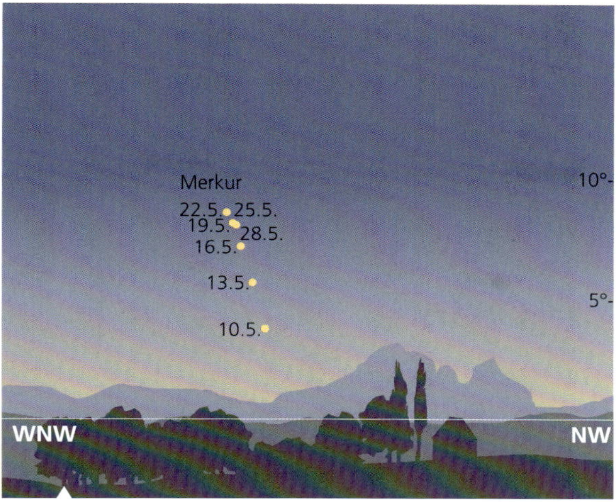

Im Mai taucht der sonnennahe Planet Merkur für rund zwei Wochen am westlichen Abendhimmel auf.

MERKUR AM ABENDHIMMEL

Zum zweiten Mal in diesem Jahr zeigt sich der sonnennahe Merkur in diesem Monat am Abendhimmel: Etwa ab dem 10. Mai wird man ihn für gut zwei Wochen in der fortschreitenden Abenddämmerung mit bloßem Auge über dem Nordwesthorizont erspähen können. Die Grafik zeigt die jeweiligen Merkur-Positionen zu einem Zeitpunkt, zu dem die Sonne 7,5 Grad unter den Horizont gesunken ist (das entspricht gut 50 Minuten nach Sonnenuntergang).

EIN FRÜHES ENDE

Bis zum 28. Mai wächst der Winkelabstand zur Sonne von zunächst knapp 14 Grad noch bis auf fast 23 Grad an, sodass Merkur bei gleicher Sonnentiefe zunehmend höher über dem Horizont steht. Während er uns anfangs aber noch zu 83 Prozent beleuchtet erscheint, verringert sich seine Phase bis zur größten östlichen Elongation auf 36 Prozent, was zu einer Abnahme der Merkur-Helligkeit um mehr als 1,5 Größenklassen führt. Daran vermag auch die in dieser Zeit schrumpfende Distanz zur Erde wenig zu ändern, und so verschwindet der immer lichtschwächer erscheinende Merkur spätestens nach seiner größten Elongation wieder im Glanz der Dämmerung.

Sterne und Sternbilder

DER STERNHIMMEL IM MAI

Mittlerweile ist der Tagbogen der Sonne so lang, dass es zur Monatsmitte auch um 22 Uhr MESZ noch nicht dunkel genug ist, um die Sternbilder zusammenhängend erkennen zu können; entsprechend verschieben wir die gewohnte Beobachtungszeit noch einmal um eine ganze Stunde nach hinten (auf 23 Uhr MESZ, am Monatsanfang um Mitternacht). Dann beherrscht die Jungfrau den Südhimmel, und ihr Hauptstern Spica steht unweit der Nord-Süd-Linie.

ORANGEFARBENER STERNRIESE

Spica bildet mit Regulus (im Löwen) und Arktur (im Rinderhirten Bootes) ein nahezu rechtwinkliges Dreieck. Ähnlich wie beim Wintersechseck sind die Eckpunkte auch bei diesem Frühlingsdreieck recht verschieden. Spica, die Kornähre, umfasst rund elf Sonnenmassen und leuchtet bei einer Oberflächentemperatur von rund 25.000 Grad etwa 20.000-mal so hell wie die Sonne. Regulus bleibt hinter diesen Werten deutlich zurück und kann nur wegen seiner geringeren Entfernung noch halbwegs mithalten (s. S. 37). Arktur schließlich erscheint nur aufgrund seiner Nähe als der hellste der drei, denn er umfasst weniger als 1,5-fache Sonnenmasse und hat eine Temperatur von rund 4300 Grad, ist aber auch 25-mal so groß wie die Sonne und damit auf dem Weg zu einem roten Riesenstern – wie auch unsere Sonne in ein paar Milliarden Jahren.

DIE ENTFERNUNG MACHT'S

Nur fünf Grad westlich von Arktur steht in vergleichbarer Distanz wie dieser (etwa 37 Lichtjahre) der Stern Muphrid – untereinander sind diese beiden Sterne also nur gut drei Lichtjahre entfernt. Würde Muphrid von einem erdähnlichen Planeten umrundet, so erschiene Arktur von dort aus gesehen als hellster Stern am Himmel – heller noch als bei uns die Venus im größten Glanz – und wäre entsprechend mit bloßem Auge am Taghimmel zu sehen. Wie sehr die Helligkeit eines Sterns von seiner Entfernung abhängt, wird durch den Vergleich von Arktur mit dem Stern ν in der Wasserschlange, lat. Hydra, (an der Grenze zum Sternbild Becher) deutlich: Beide Sterne besitzen die gleiche Leuchtkraft, doch ν Hydrae ist viermal so weit entfernt wie Arktur und erscheint daher um drei Größenklassen lichtschwächer.

NICHT VERPASSEN!

In der zweiten Mai-Dekade taucht der sonnennächste Planet Merkur zum zweiten Mal in diesem Jahr für etwa zwei Wochen am Abendhimmel tief über dem Westhorizont auf.

Was sich am Himmel tut

	abends nachts morgens	Mond-phase	Aufgang Untergang
1 Di			02:52 17:38
2 Mi			03:12 19:00
3 Do	Venus wechselt ins Sternbild Stier		03:38 20:24
4 Fr			NM 21:41 04:15 21:43
5 Sa			05:07 22:49
6 So	17ʰ Mond in Erdnähe (361.703 km)		06:16 23:39
7 Mo			07:39 --
8 Di	21ʰ Mond im absteigenden Knoten		09:07 00:15
9 Mi	0ʰ Mond 8° westl. von Jupiter 23ʰ Mond 7° südöstl. von Jupiter		10:34 00:41
10 Do	0ʰ Mond 3° südwestl. von Regulus		11:58 01:01
11 Fr	0ʰ Mond 5° südl. von Mars		EV 12:57 13:19 01:18
12 Sa			14:37 01:33
13 So			15:54 01:48
14 Mo	1ʰ Mond 4° südl. von Spica		17:11 02:05
15 Di			18:26 02:24

Merkur Venus Mars Jupiter Saturn Mond

	abends	nachts	morgens	Mondphase	Aufgang Untergang
16 Mi					19:40 02:49
17 Do	Frühester Sonnenaufgang (5^h10^m) 2^h Mond 8° westl. von Antares 23^h Mond 4° östl. von Antares				20:45 03:22
18 Fr	Kürzeste Vollmondnacht des Jahres				21:42 04:03
19 Sa					VM 02:46 22:26 04:55
20 So					22:59 05:57
Sommeranfang 21 Mo	**15^h11^m Sommersonnenwende**				23:25 07:04
22 Di	7^h Mond in Erdferne (405.698 km) 20^h Mond im aufsteigenden Knoten				23:45 08:14
23 Mi	Merkur in unterer Konjunktion				-- 09:24
24 Do					00:01 10:32
25 Fr	Spätester Sonnenuntergang (21^h33^m)				00:15 11:41
26 Sa					00:28 12:50
27 So					LV 06:55 00:41 14:01
28 Mo					00:56 15:15
29 Di					01:13 16:33
30 Mi					01:36 17:56

Sonne und Planeten

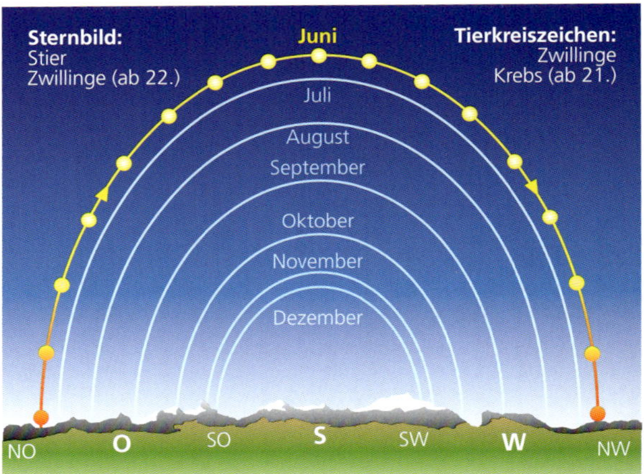

Dämmerung Anfang	Sonne Aufgang		Sonne Untergang	Dämmerung Ende
3:34	5:16	1.6.	21:20	23:04
3:21	5:10	16.6.	21:31	23:21

Die **SONNE** wandert zunächst durch das Sternbild Stier und erreicht am 22.6. die Zwillinge; tags zuvor wechselt sie in das Tierkreiszeichen Krebs. Die Mittagshöhe nimmt von 62° auf 63° zu, die Länge des lichten Tages entsprechend von 16:04 auf maximale 16:22 Stunden am 21.6.; danach schrumpft sie wieder auf 16:19 Stunden.

MERKUR ist nach der größten östlichen Elongation Ende des Vormonats wieder vom Abendhimmel verschwunden.

VENUS rückt immer näher an die Sonne heran und verschwindet zum Monatsende in ihrem Glanz.

MARS zieht jetzt jeden Tag fast ein halbes Grad weiter ostwärts durch den Löwen in Richtung Jungfrau.

JUPITER im Westteil des Löwen kann zuletzt noch für eine gute Stunde tief über dem Westhorizont erspäht werden.

SATURN wird nun wieder am Morgenhimmel sichtbar und geht zuletzt dreieinhalb Stunden vor der Sonne auf.

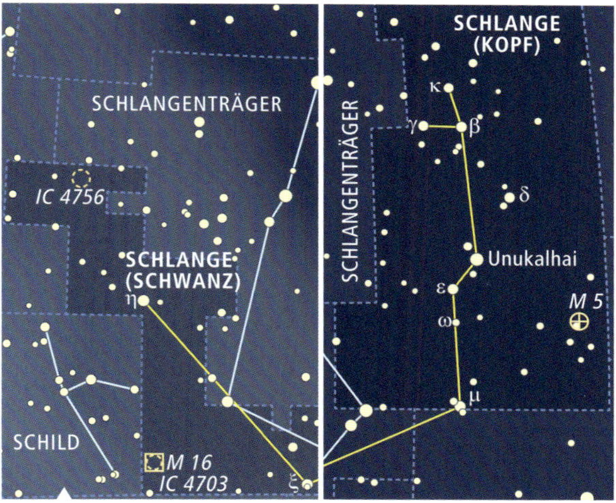

Das Sternbild Schlange ist zweigeteilt – in den „Kopf der Schlange" im Westen und den „Schwanz der Schlange" im Osten; dazwischen liegt der Schlangenträger.

DAS STERNBILD SCHLANGE

Die Schlange besteht aus zwei Teilen: dem westlichen Bereich („Kopf der Schlange") und dem östlichen Bereich („Schwanz der Schlange"); das „fehlende" Verbindungsteil wird durch den Körper des Schlangenträgers verdeckt. Dabei stellt der Kopf der Schlange den größeren Anteil der Figur und enthält unter anderem den Hauptstern Unukalhai (arabisch für Hals der Schlange), einen Stern der 2. Größenklasse, der sich im Teleskop als Dreifachstern mit zwei lichtschwachen Begleitern präsentiert. Knapp 8 Grad südwestlich davon zeigt ein lichtstarkes Fernglas den kugelförmigen Sternhaufen Messier 5 in knapp 25.000 Lichtjahren Entfernung als neblig erscheinendes Fleckchen.

STERNHAUFEN PLUS NEBEL

Der hellste Stern im Schwanz der Schlange, Alava (η Serpentis), gehört zur 3. Größenklasse und ist etwa 25 Grad südwestlich von Atair, dem Hauptstern im Adler, zu finden. Er ist wie Unukalhai ein orangeroter Riesenstern, mit rund sechsfachem Sonnendurchmesser allerdings noch im Anfangsstadium der Entwicklung dorthin. Gut elf Grad südlich davon erkennt man im Fernglas den offenen Sternhaufen M 16, der in den berühmten Adlernebel (mit den „Säulen der Schöpfung") eingebettet ist.

Sterne und Sternbilder

DER STERNHIMMEL IM JUNI

Im Monat der Sommersonnenwende braucht man besonders viel Geduld, bis die scheinbar endlose Dämmerung für kurze Zeit den Blick auf den Nachthimmel freigibt. Dies gilt umso mehr, je weiter nördlich man sich befindet; nur im Mittelmeerraum und weiter südlich herrscht die „astronomische Dunkelheit“ (mit der Sonne mehr als 18 Grad unter dem Horizont) noch für mehr als dreieinhalb Stunden.

SZENENWECHSEL

Nahe der Nord-Süd-Linie stehen zur gewohnten Beobachtungszeit vom Horizont bis zum Zenit die Waage, der Kopf der Schlange und die Nördliche Krone, allesamt eher unscheinbare Sternbilder. Rechts davon zieht das Frühlingsdreieck aus Regulus, Spica und Arktur mit den dazu gehörenden Figuren dem Untergang entgegen, und weit im Osten künden Adler und Leier mit Atair und Wega den nahenden Sommer an. Ein weiterer Blickfang ist der rötliche Antares, Hauptstern im Skorpion, der tief über den Südosthorizont Richtung Meridian wandert.

AUCH AUS DER FERNE HELL

Antares ist – ähnlich wie Beteigeuze am Winterhimmel – mit rund 700-fachem Sonnendurchmesser ein gealterter, roter Gigant; er vereint immerhin 12 Sonnenmassen in sich und leuchtet bei einer Temperatur von knapp 3800 Grad etwa 65.000-mal so hell wie die Sonne. Das Licht, das wir heute von ihm empfangen, war mehr als 550 Jahre unterwegs zu uns und wurde daher noch vor der Entdeckung Amerikas durch Christoph Kolumbus auf den Weg gebracht.

EIN FERNGLAS BRINGT FARBE

Leider sind die – von der Oberflächentemperatur abhängigen – Farben der Sterne mit bloßem Auge nur bei den hellsten Vertretern erkennbar; mit einem Fernglas oder gar Teleskop erscheinen auch lichtschwächere Sterne farbig. So präsentiert sich zum Beispiel der Stern dritter Größe Yed Prior am Westrand des Schlangenträgers rund 23 Grad nördlich von Antares in einem ähnlichen Farbton wie der Hauptstern des Skorpions.

Dies lässt allerdings nur auf eine vergleichbare Oberflächentemperatur schließen: Die Masse von Yed Prior beträgt lediglich rund 1,4 Sonnenmassen und sein Durchmesser etwa 55 Sonnendurchmesser. Nicht ganz so stark orangefarben erscheint der mit 4800 Grad deutlich heißere Stern Cebalrai rund 23 Grad östlich von Yed Prior, der bei ebenfalls 1,4 Sonnenmassen erst 12-fachen Sonnendurchmesser aufweist und in seinem Alterungsprozess noch nicht so weit fortgeschritten ist wie jener.

Was sich am Himmel tut

	abends / nachts / morgens	Mondphase	Aufgang Untergang
1 Do	4h Mond 3° westl. der Plejaden		02:06 19:17
2 Fr			02:49 20:29
3 Sa	Venus wechselt ins Sternbild Zwillinge		03:51 21:28
4 So	Mars wechselt ins Sternbild Jungfrau 23h Mond in Erdnähe (358.284 km)	NM 05:03	05:09 22:10
5 Mo	8h Erde in Sonnenferne (152,1 Mio. km)		06:38 22:41
6 Di	4h Mond im absteigenden Knoten 22h30m Mond 6° westl. von Jupiter		08:09 23:04
7 Mi			09:38 23:23
8 Do	23h Mond 7° westl. von Mars		11:02 23:39
9 Fr			12:23 23:55
10 Sa	23h Mond 6° westl. von Spica	EV 20:40	13:43 --
11 So	23h Mond 9° südöstl. von Spica		15:00 00:11
12 Mo			16:17 00:30
13 Di			17:31 00:53
14 Mi	23h Mond 1° südl. von Antares		18:39 01:23
15 Do	Merkur in gr. westl. Elongation (20,7°)		19:38 02:01

Merkur Venus Mars Jupiter Saturn Mond

	abends nachts morgens	Mond-phase	Aufgang Untergang
16 Fr			20:25 02:49
17 Sa			21:02 03:48
18 So	18h Halbschatten-Mondfinsternis (bei uns nicht sichtbar)		VM 17:46 21:30 04:54
19 Mo	14h Mond in Erdferne (406.217 km)		21:51 06:03
20 Di	2h Mond im aufsteigenden Knoten		22:08 07:13
21 Mi			22:22 08:22
22 Do			22:35 09:31
23 Fr			22:48 10:39
24 Sa			23:02 11:48
25 So			23:18 13:00
26 Mo	Venus wechselt ins Sternbild Krebs		LV 18:56 23:37 14:15
27 Di			-- 15:33
28 Mi	4h Mond 8° westl. der Plejaden		00:03 16:52
29 Do	2h Mond 5° östl. der Plejaden		00:38 18:08
30 Fr			01:30 19:12
31 Sa			02:38 20:02

JUL

Sonne und Planeten

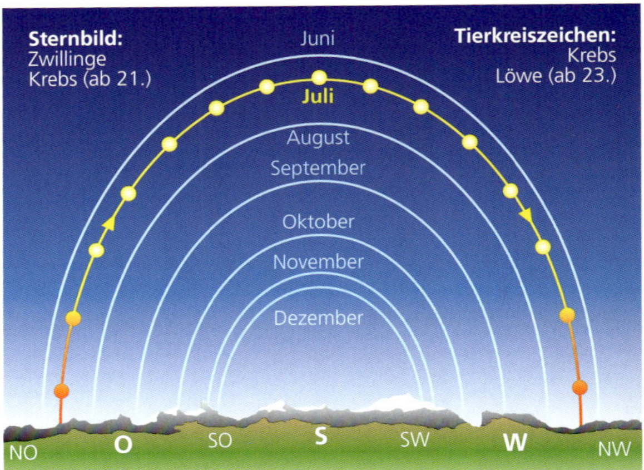

Dämmerung Anfang	Sonne Aufgang		Sonne Untergang	Dämmerung Ende
3:26	5:15	1.7.	21:33	23:21
3:48	5:29	16.7.	21:23	23:03

Die **SONNE** wandert zunächst durch das Sternbild Zwillinge und erreicht am 21.7. den Krebs; am 23.7. wechselt sie in das Tierkreiszeichen Löwe. Die Mittagshöhe nimmt von 63° auf 58° ab, die Länge des lichten Tages entsprechend von 16:18 Stunden auf 15:17 Stunden.

MERKUR erreicht zwar am 15.7. eine größte westliche Elongation, taucht aber erst eine Woche später für ein paar Tage am Morgenhimmel auf.

VENUS hat sich vom Morgenhimmel zurückgezogen und bleibt nun für einige Monate unsichtbar am Taghimmel.

MARS wechselt ins Sternbild Jungfrau und geht zuletzt rund zwei Stunden nach der Sonne unter.

JUPITER wird allmählich von der Sonne eingeholt und verschwindet im Laufe der zweiten Monatshälfte vom Abendhimmel.

SATURN geht zuletzt schon vor Mitternacht auf und kommt im Ostteil der Fische allmählich zum Stillstand.

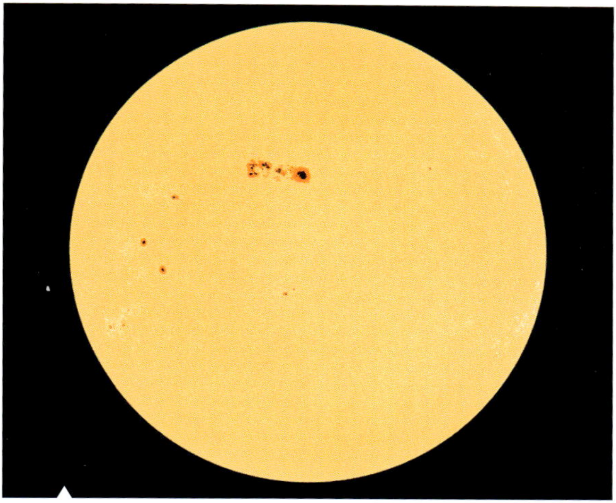

Auch nach dem zurückliegenden Sonnenfleckenmaximum im August 2024 können noch größere Sonnenfleckengruppen und -eruptionen beobachtet werden.

DIE ERDE IN SONNENFERNE

Jedes Jahr durchläuft die Erde Anfang Juli den sonnenfernsten Punkt ihrer Bahn, in diesem Jahr am 5. Juli gegen 7 Uhr MESZ. Für astronomische Laien klingt dies überraschend, denn schließlich befinden wir uns jetzt im Sommer, einer in der Regel im Vergleich zum Winter eher warmen Jahreszeit. Aber die Jahreszeiten mit ihren unterschiedlichen Temperaturen hängen in erster Linie ja mit der Schrägstellung der Erdachse zusammen, die für wechselnde Beleuchtungsintensitäten und -dauern verantwortlich ist. Die Änderung der Sonnenentfernung spielt in dem Zusammenhang nur eine sehr untergeordnete Rolle.

JE FERNER DESTO LANGSAMER

Dafür sorgt sie für ungleiche Längen der Jahreszeiten, denn die Bahngeschwindigkeit der Erde ist in Sonnenferne geringer als in Sonnennähe, wie der aus Weil der Stadt (bei Stuttgart) stammende Astronom Johannes Kepler zu Beginn des 17. Jahrhunderts in seinem 2. Keplerschen Gesetz formulierte. Entsprechend dauert der Nordsommer (und damit auch der Südwinter) mit gut 93,5 Tagen mehr als 4,5 Tage länger als der Nordwinter (und damit auch der Südsommer); das Sommerhalbjahr (von Frühlings- bis Herbstanfang) ist sogar um 7,5 Tage länger als das Winterhalbjahr.

Sterne und Sternbilder

DER STERNHIMMEL IM JULI

Da die Tageslänge nach der Sonnenwende im Vormonat zunächst nur langsam schrumpft, bleiben wir noch einmal bei der späten Beobachtungszeit von 23 Uhr MESZ zur Monatsmitte (am Monatsanfang eine Stunde später). Wieder bahnt sich ein Wechsel an, denn die typischen Sommersternbilder – und mit ihnen die Milchstraße – rücken von Osten Richtung Nord-Süd-Linie vor. Noch aber besetzen zwei dunkle Riesengestalten den Südhimmel – der griechische Sagenheld Herakles (lat.: Herkules) und der Schlangenträger, der den griechischen Gott der Heilkunst Asklepios (lat.: Äskulap) verkörpert.

MASSE BESCHLEUNIGT DAS ALTERN

Noch oberhalb vom Herkules ragt zenitnah der Kopf des Drachen in die aktuelle Monatssternkarte. Der hellste Stern dort, Eltanin, erweist sich im Fernglas als ein weiterer orangerötlicher Stern (was man allerdings besser zu anderen Jahreszeiten beobachtet, wenn der Stern nicht so hoch am Himmel steht): Seine rund 2,2 Sonnenmassen verteilen sich auf eine an der Oberfläche etwa 4200 Grad heiße Gaskugel von 52 Sonnendurchmessern – auch er ist in seiner Entwicklung also schon weit fortgeschritten. Da Sterne umso schneller altern, je mehr Materie sie in sich vereinen, muss Eltanin deutlich nach der Sonne entstanden sein. Eltanin ist etwa 155 Lichtjahre entfernt und leuchtet in Wirklichkeit etwa 600-mal so hell wie die Sonne.

HELL UND ROT HEISST GROSS

Etwa 16 Grad südwestlich von Eltanin bildet der Stern π Herculis den linken oberen Eckpunkt des zentralen Herkules-Vierecks. Auch er erscheint im Fernglas orangerötlich, denn seine Oberflächentemperatur liegt bei knapp 4400 Grad. Da seine Entfernung mit den Satelliten Hipparcos und Gaia recht zuverlässig zu 376 Lichtjahren bestimmt werden konnte, muss er in Wirklichkeit etwa 600-mal so hell wie die Sonne leuchten und rund 70-mal so groß sein. Dazu „passt“ dann eine rund 4,5-fache Sonnenmasse und ein Alter von etwa 140 Millionen Jahren.

JE GRÖSSER, DESTO KÜHLER

Auch der Hauptstern im Herkules, Ras Algethi, gehört zu den orangerötlichen Sternen. Er ist ähnlich weit entfernt wie Pi Herculis, erscheint aber etwas weniger hell als dieser, und sein Spektrum verrät eine geringere Oberflächentemperatur von 3550 Grad. Entsprechend verwundert es nicht, dass sein Durchmesser mit rund 290 Sonnendurchmessern angegeben wird.

Was sich am Himmel tut

	abends nachts morgens	Mond-phase	Aufgang Untergang
Schweizer Bundesfeier 1 So	Merkur in Sonnennähe (46 Mio. km)		04:02 20:38
2 Mo	8h Mond in Erdnähe (357.362 km) 11h Tot. Sonnenfinsternis **(bei uns partiell)** 15h Mond im absteigenden Knoten	NM 12:06	05:34 21:05
3 Di			07:05 21:26
4 Mi			08:34 21:43
5 Do			10:00 22:00
6 Fr			11:23 22:16
7 Sa	Venus in Sonnennähe (107,5 Mio. km)		12:43 22:34
8 So			14:03 22:56
9 Mo	Saturn beginnt Oppositionsschleife	EV 06:55	15:19 23:24
10 Di	23h Mond 3° westl. von Antares		16:30 23:59
11 Mi	Merkur in oberer Konjunktion Venus wechselt ins Sternbild Löwe 23h Mond 9° östl. von Antares		17:33 --
12 Do	Venus in oberer Konjunktion		18:24 00:45
13 Fr	9h Perseiden-Meteorschauer im Maximum		19:04 01:41
14 Sa			19:34 02:44
Liechtenstein. Staatsfeiertag 15 So	16h Mond in Erdferne (406.086 km)		19:57 03:53

Merkur Venus Mars Jupiter Saturn Mond

	abends nachts morgens	Mondphase	Aufgang Untergang
16 Mo	8^h Mond im aufsteigenden Knoten		20:15 05:03
17 Di	Partielle Mondfinsternis (bei uns nicht sichtbar)		VM 09:30 20:30 06:12
18 Mi			20:44 07:22
19 Do			20:57 08:30
20 Fr			21:10 09:39
21 Sa			21:25 10:49
22 So	21^h30^m Mars 2° nördl. von Spica		21:43 12:02
23 Mo			22:05 13:19
24 Di			22:36 14:36
25 Mi	**1^h Mond bedeckt Plejaden**		LV 04:29 23:19 15:51
26 Do			-- 16:58
27 Fr			00:18 17:53
28 Sa			01:33 18:33
29 So			02:59 19:04
30 Mo	1^h Mond im absteigenden Knoten 18^h Mond in Erdnähe (359.208 km)		04:30 19:27
31 Di	Jupiter in Konjunktion mit der Sonne		NM 19:42 06:00 19:46

AUG

Sonne und Planeten

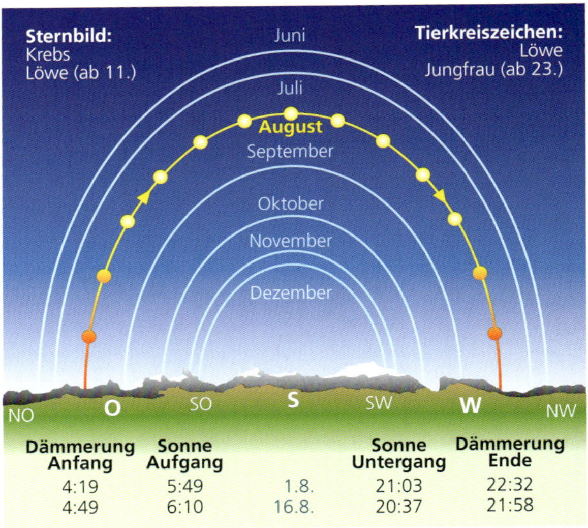

Die **SONNE** wandert zunächst durch das Sternbild Krebs und erreicht am 11.8. den Löwen; am 23.8. wechselt sie in das Tierkreiszeichen Jungfrau. Die Mittagshöhe nimmt von 58° auf 49° ab, die Länge des lichten Tages entsprechend von 15:14 Stunden auf 13:34 Stunden.

MERKUR wandert am 11.8. durch die obere Konjunktion und bleibt den ganzen Monat unsichtbar am Taghimmel.

VENUS steht am 12.8. in oberer Konjunktion mit der Sonne und bleibt ebenfalls den ganzen Monat über unsichtbar.

MARS wird zunehmend von der Sonne eingeholt und verschwindet zur Monatsmitte vom westlichen Abendhimmel.

JUPITER steht am Monatsletzten in Konjunktion mit der Sonne und bleibt unsichtbar am Taghimmel.

SATURN beginnt am 9.8. seine Oppositionsschleife und bewegt sich danach langsam westwärts durch den Ostteil der Fische.

So prachtvoll ist die Milchstraße leider mit bloßem Auge nicht zu beobachten – diese Sternenfülle zeigt sich nur auf länger belichteten Fotografien.

DIE SOMMERMILCHSTRASSE

Im August präsentiert sich die Milchstraße, die uns umgebende Galaxis, für die Bewohner Mitteleuropas in ihrer größten Pracht – von der Südhalbkugel aus ist sie dagegen nahezu das ganze Jahr über eindrucksvoll, zumindest von einem dunklen Standort aus betrachtet. Bei uns spannt sich das schimmernde Band jetzt vom Südsüdwesthorizont in hohem Bogen über den Osthimmel zum Nordnordosthorizont. Besonders deutlich wird ihr blasses Licht im Bereich der Sternbilder Schwan, Adler und vor allem Richtung Schütze und Skorpion, wiewohl dort der horizontnahe Dunst für eine gewisse Abschwächung sorgt.

EINE HIMMLISCHE SCHATZKISTE

Um den dort befindlichen Zentralbereich der Milchstraße klar ausmachen zu können, muss man weit nach Süden reisen, bis auf die Kanaren, in die Karibik oder sogar auf die Südhalbkugel der Erde. Es lohnt sich aber auch bei uns, das Band der Milchstraße mit einem lichtstarken Fernglas zu erkunden, denn hier findet man zahlreiche offene Sternhaufen, leuchtende Gasnebel sowie kugelförmige Sternhaufen, die im Fernglas als neblige Fleckchen erscheinen. Ihre Zahl ist so groß, dass eine detaillierte Auflistung den Rahmen sprengen würde.

Sterne und Sternbilder

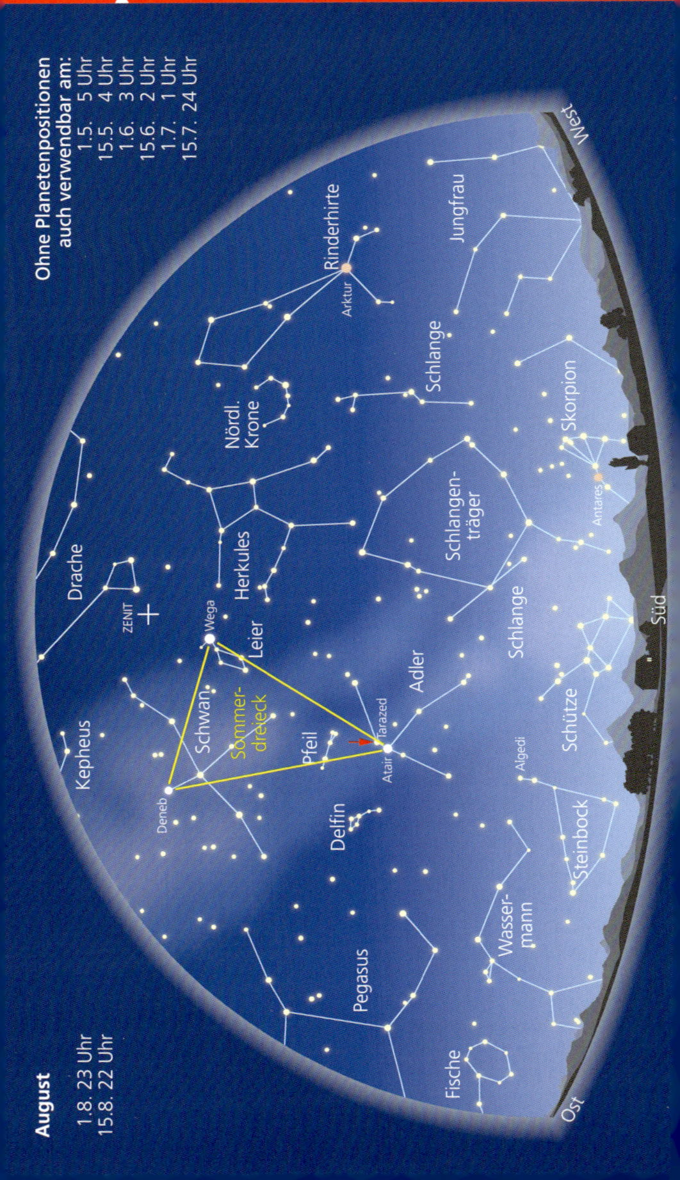

DER STERNHIMMEL IM AUGUST

Am abendlichen Sternhimmel prägen zur jetzt wieder auf 22 Uhr MESZ vorgezogenen Beobachtungszeit (zur Monatsmitte, am Monatsanfang eine Stunde später) die typischen Sommersternbilder den Südhimmel: Drei helle Sterne (Wega in der Leier, Atair im Adler und Deneb im Schwan) lenken die Blicke auf die dazu gehörenden Figuren, die sich anschicken, die Nord-Süd-Linie zu überschreiten.

EIN LEUCHTKRÄFTIGER BLAUER RIESENSTERN …

Unter den genannten Sternen, die als Eckpunkte für das große Sommerdreieck dienen, ist Wega zwar der scheinbar hellste, aber auch hier gilt, dass die Entfernung eine wesentliche Rolle bei der scheinbaren Helligkeit spielt: Wega ist etwa 25 Lichtjahre entfernt, der um gut eine Größenklasse schwächere Deneb im Schwan dagegen nach neueren Messungen etwas über 1400 Lichtjahre. Während Wega in Wirklichkeit also etwa 47-mal so hell leuchtet wie die Sonne, bringt es Deneb auf fast 200.000 Sonnenleuchtkräfte, was ihn zu einem der hellsten bekannten Sterne in der Milchstraße macht. Bei Deneb sind sowohl die Größe (etwa 200 Sonnendurchmesser – an der Position der Sonne würde Deneb bis fast an die Erdbahn heranreichen) als auch die hohe Oberflächentemperatur von rund 9000 Grad für die extreme Leuchtkraft verantwortlich. Aufgrund der hohen Temperatur erscheint sein Licht bläulich-weiß.

… UND EIN ROTER RIESE

Etwa halb so groß wie Deneb ist Tarazed, der rechte obere „Wächterstern" von Atair im Adler in knapp 400 Lichtjahren Entfernung. Hier hat sich ein Stern mit rund 3,5 Sonnenmassen im Zuge seiner Alterung zu einem roten Riesenstern von gut 90 Sonnendurchmessern und einer Oberflächentemperatur von lediglich 4300 Grad aufgebläht; beides zusammen reicht nur für eine etwa 2100-fache Sonnenleuchtkraft.

NICHT VERPASSEN!

Um den 13. August durchquert die Erde auf ihrem jährlichen Weg um die Sonne eine Staubwolke, die sich im Verlauf vieler Jahrhunderte entlang der Bahn des Kometen Swift-Tuttle verteilt hat. Wenn diese Staubteilchen auf die Erdatmosphäre prallen, werden sie plötzlich abgebremst und verglühen, wodurch die umgebende Luft zum Leuchten angeregt wird und wir eine „Sternschnuppe" (einen Meteor) beobachten können.

SEP Was sich am Himmel tut

	abends / nachts / morgens	Mondphase	Aufgang / Untergang
1 Mi			07:28 20:03
2 Do			08:53 20:20
3 Fr			10:17 20:38
4 Sa			11:40 20:59
5 So			13:00 21:25
6 Mo	21h Mond 8° westl. von Antares		14:15 21:58
7 Di	21h Mond 5° östl. von Antares		EV 20:32 15:23 22:40
8 Mi	Venus wechselt ins Sternbild Jungfrau		16:19 23:33
9 Do			17:03 --
10 Fr			17:37 00:34
11 Sa			18:02 01:42
12 So	1h Mond in Erdferne (405.384 km) 13h Mond im aufsteigenden Knoten		18:21 02:51
13 Mo			18:38 04:01
14 Di	Mars wechselt ins Sternbild Waage Merkur in Sonnenferne (69,7 Mio. km)		18:52 05:10
15 Mi			19:05 06:19

Merkur · Venus · Mars · Jupiter · Saturn · Mond

	abends / nachts / morgens	Mondphase	Aufgang / Untergang
16 Do		VM 01:05	19:19 07:29
17 Fr			19:34 08:39
18 Sa			19:50 09:52
19 So			20:11 11:07
20 Mo			20:39 12:24
21 Di	6^h Mond 1° westl. der Plejaden		21:18 13:40
22 Mi			22:10 14:49
Herbstanfang 23 Do	**08^h02^m Sonne im Herbstpunkt**	LV 12:22	23:17 15:46
24 Fr	Merkur in gr. östl. Elongation (26°)		-- 16:30
25 Sa	6^h Mond 6° südlich von Pollux		00:37 17:03
26 So	8^h Mond im absteigenden Knoten		02:03 17:29
27 Mo	6^h Mond 6° westl. von Regulus 22^h Mond in Erdnähe (363.455 km)		03:30 17:49
28 Di	6^h Mond 9° südöstl. von Regulus und 6° westl. von Jupiter		04:57 18:07
29 Mi			06:22 18:23
30 Do		NM 04:37	07:47 18:41

Sonne und Planeten

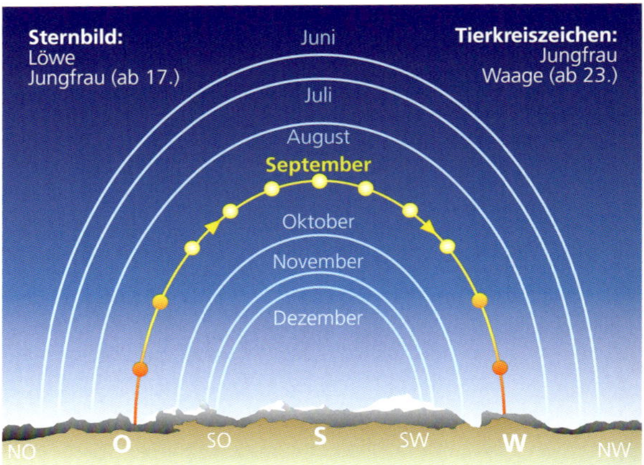

Dämmerung Anfang	Sonne Aufgang		Sonne Untergang	Dämmerung Ende
5:20	6:34	1.9.	20:05	21:19
5:46	6:57	16.9.	19:32	20:43

Die **SONNE** wandert durch das Sternbild Löwe und erreicht am 17.9. die Jungfrau; am 23.9. wechselt sie in das Tierkreiszeichen Waage. Die Mittagshöhe nimmt von 48° auf 37° ab, die Länge des lichten Tages von 13:30 Stunden auf 11:44 Stunden.

MERKUR erreicht zwar am 24.9. eine größte östliche Elongation, bleibt aber den ganzen Monat hindurch unsichtbar.

VENUS kann sich trotz wachsender Elongation zur Sonne am Abendhimmel noch nicht durchsetzen.

MARS ist im Glanz der Sonne verschwunden und bleibt für die nächsten Monate unsichtbar mit ihr am Taghimmel.

JUPITER taucht nach der Konjunktion mit der Sonne um die Monatsmitte wieder am Morgenhimmel auf.

SATURN wandert im Zuge seiner Oppositionsschleife langsam westwärts durch den Ostteil des Sternbilds Fische und geht zuletzt bereits in der Abenddämmerung auf.

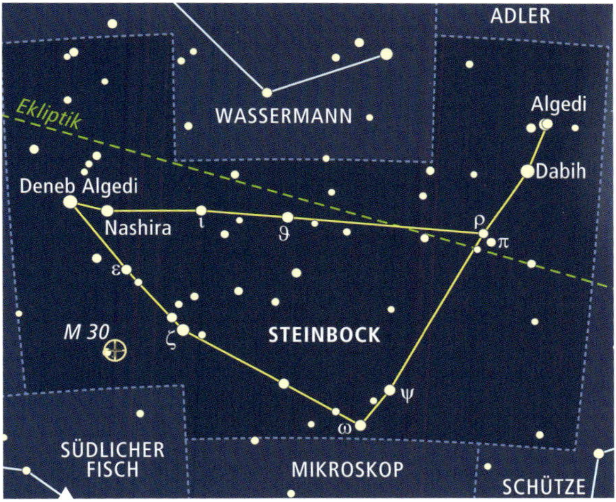

Das Sternbild Steinbock hieß bei den Völkern des antiken Mesopotamiens im heutigen Irak noch Ziegenfisch.

DAS STERNBILD STEINBOCK

Der Steinbock ist flächenmäßig das kleinste der zwölf Ekliptiksternbilder – die Jungfrau als größtes ist mehr als dreimal so groß. Sein hellster Stern, Deneb Algedi (arab., Schwanz der Ziege), trägt ausnahmsweise nicht die sonst übliche Bezeichnung „alpha", sondern wird als delta Capricorni gelistet. Er ist ein sogenannter Bedeckungsveränderlicher, dessen Helligkeit bei der regelmäßigen Bedeckung durch einen engen Begleiterstern alle 24,5 Stunden um 0,2 Größenklassen abgeschwächt wird. Gut 7 Grad südlich von Deneb Algedi (und damit leider recht tief im Horizontdunst) zeigt ein Fernglas den Kugelsternhaufen M 30 in rund 27.000 Lichtjahren Entfernung als nebliges Fleckchen.

DIE DOPPELTE HÖRNERSPITZE

Während Deneb Algedi den Ostrand des Steinbocks markiert, steht der Stern alpha Cap (Algedi) an der westlichen Spitze der Figur und stellt gleichsam die Hörnerspitze des Steinbocks dar. Er erweist sich schon mit bloßem Auge als Doppelstern, dessen Partner aber sehr verschieden weit von uns entfernt sind (v.l.n.r.: 106 bzw. 687 Lichtjahre); ein solches Paar wird als optischer Doppelstern bezeichnet – im Gegensatz zu einem physischen Doppelstern, dessen Komponenten sich gegenseitig umrunden.

September
1.9. 23 Uhr
15.9. 22 Uhr
Ohne Planetenpositionen auch verwendbar am:
1. 7. 3 Uhr
15. 7. 2 Uhr
1. 8. 1 Uhr
15. 8. 24 Uhr
1.10. 21 Uhr
15.10. 20 Uhr
Nördl. Krone
Schlange
Herkules
Schlangen-träger
Drache
Wega
Leier
Schwan
Albireo
Adler
M 11
Schlange
Kepheus
ZENIT
M 39
Deneb
Pfeil
Atair
Schütze
Delfin
Algedi
Süd
West
Enif
Steinbock
Wasser-mann
Andromeda
M 31
Pegasus
Fische
Saturn
Walfisch
Ost

DER STERNHIMMEL IM SEPTEMBER

Zur gewohnten Beobachtungszeit (gegen 22 Uhr zur Monatsmitte, am Monatsanfang eine Stunde später) zeigt sich am Sternhimmel, dass der Sommer allmählich zu einem Ende kommt: Das Sommerdreieck aus Wega, Atair und Deneb hat die Nord-Süd-Linie nahezu vollständig überquert, und am Osthimmel steigt mit dem Pegasus bereits das Leitsternbild des Herbsthimmels empor; nur Deneb und der rechte Flügel des Schwans haben ihre Höchststellung im Süden noch vor sich.

UNSCHEINBARE FIGUREN

Zwischen Schwan und Adler zeigt die Sternkarte zwei kleinere Sternbilder: den Pfeil rechts und den Delfin links vom Meridian. Beide Figuren waren schon im Altertum bekannt, und um beide ranken sich gleich mehrere Sagengeschichten. So könnte Herakles/Herkules mit dem Pfeil die Stymphalischen Vögel, am Himmel durch Leier, Schwan und Adler „verkörpert", erlegt haben. Und der Meeresgott Poseidon soll den Delfin an den Himmel versetzt haben, weil dieser ihm geholfen habe, die Meerjungfrau Amphitrite für sich zu gewinnen.

PFERD MIT DICKER NASE

Auf der Suche nach leuchtkräftigen Riesensternen werden wir unter anderem bei Enif, der Nasenspitze des Pegasus-Pferdes, fündig: Er ist rund 690 Lichtjahre entfernt, erscheint uns aber trotzdem als Stern der zweiten Größenklasse – seine Leuchtkraft übertrifft die der Sonne um das 8500-fache. Möglich wird dies, weil der rund 10 Sonnenmassen umfassende Stern sich bereits zu einem Überriesen mit etwa 180 Sonnendurchmessern aufgebläht hat. Wegen der großen Masse kann er trotz der Größe noch eine Oberflächentemperatur von rund 4500 Grad aufrechterhalten, was auch ihn (im Fernglas) zu einem orangerötlichen Stern macht.

VON WEGEN LEUCHTSCHWACH

Eine ganze Größenklasse schwächer als Enif erscheint der Stern ζ Cephei, der beim an einen „windschiefen Hausgiebel" erinnernden Kepheus den linken unteren Eckpunkt markiert. Hier täuscht die große Entfernung von fast 990 Lichtjahren zwar einen leuchtschwachen Stern vor, der in Wirklichkeit aber rund 10.000-fache Sonnenleuchtkraft besitzt und damit noch heller strahlt als Enif. Möglich wird dies, weil der – ebenfalls etwa 10 Sonnenmassen umfassende – Stern bereits auf 170 Sonnendurchmesser angewachsen ist.

Was sich am Himmel tut

	abends	nachts	morgens	Mondphase	Aufgang Untergang
1 Fr					09:10 19:01
2 Sa					10:33 19:25
Tag der dtsch. Einheit 3 So					11:53 19:55
4 Mo					13:06 20:34
5 Di					14:08 21:24
6 Mi					14:58 22:23
7 Do					EV 13:49 15:36 23:29
8 Fr					16:04 --
9 Sa	17h Mond im aufsteigenden Knoten 18h Mond in Erdferne (404.531 km)				16:25 00:38
10 So					16:43 01:48
11 Mo	15h Merkur 3,8° südlich von Venus				16:58 02:57
12 Di					17:12 04:05
13 Mi					17:26 05:15
14 Do	Venus wechselt ins Sternbild Waage				17:41 06:25
15 Fr	Mars wechselt ins Sternbild Skorpion				VM 15:48 17:57 07:38

Merkur | Venus | Mars | Jupiter | Saturn | Mond

	abends / nachts / morgens	Mondphase	Aufgang / Untergang
16 Sa	3^h Mond 8° nördlich von Saturn		18:17 08:53
17 So			18:43 10:11
18 Mo	**Saturn in Opposition** 7^h Mond 4° westl. der Plejaden		19:19 11:28
19 Di	Merkur in unterer Konjunktion 7^h Mond 9° nördl. von Aldebaran		20:07 12:40
20 Mi			21:10 13:42
21 Do			22:25 14:29
22 Fr	1^h Orioniden-Meteorschauer im Maximum 7^h Mond 6° südl. von Pollux		LV 19:30 23:48 15:05
23 Sa	10^h Mond im absteigenden Knoten		-- 15:32
24 So			01:12 15:53
25 Mo	4^h Mond 4° südl. von Regulus 7^h Mond in Erdnähe (368.651 km)		02:36 16:11
Österreich. Nationalfeiert. 26 Di	7^h Mond 5° südl. von Jupiter		03:59 16:28
27 Mi	Mars wechselt ins Sternbild Schlangenträger		05:21 16:45
28 Do	7^h Merkur in Sonnennähe (46 Mio. km)		06:43 17:03
29 Fr			NM 15:38 08:06 17:26
30 Sa			09:27 17:53
Reformationstag 31 So	3^h Ende der Sommerzeit (3^h MESZ = 2^h MEZ)		09:44 17:29

OKT Sonne und Planeten

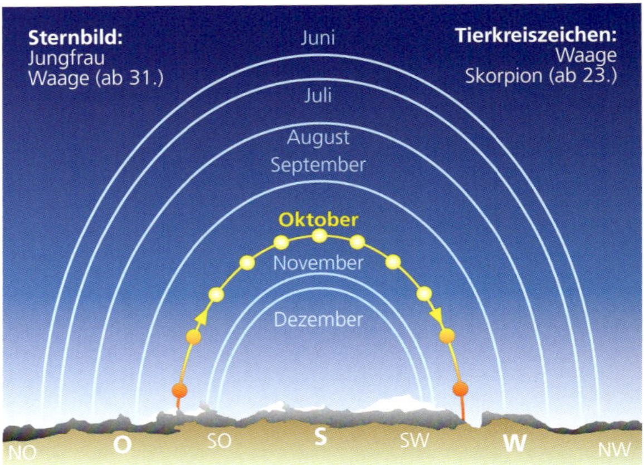

Dämmerung Anfang	Sonne Aufgang		Sonne Untergang	Dämmerung Ende
6:09	7:20	1.10.	18:59	20:09
6:33	7:43	16.10.	18:27	19:38

Die **SONNE** wandert zunächst durch die Jungfrau und erreicht am 31.10. die Waage; bereits am 23.10. wechselt sie in das Tierkreiszeichen Skorpion. Die Mittagshöhe nimmt von 37° auf 26° ab, die Länge des lichten Tages entsprechend von 11:40 Stunden auf 9:52 Stunden.

MERKUR durchläuft am 19.10. die untere Konjunktion und taucht zum Monatsende am östlichen Morgenhimmel auf.

VENUS rückt nur langsam ostwärts von der Sonne ab und bleibt weiterhin unsichtbar mit ihr am Taghimmel.

MARS lässt die Sonne nur langsam näher rücken, sodass die Konjunktion noch etliche Monate auf sich warten lässt.

JUPITER wandert langsam ostwärts durch den Löwen und geht zuletzt immerhin bereits 4,5 Stunden vor der Sonne auf.

SATURN erreicht am 18.10. seine diesjährige Opposition im Sternbild Fische und ist dort entsprechend die ganze Nacht über zu beobachten.

Im Teleskop zeigt sich das Ringsystem des Saturn in diesem Jahr wieder unter einem größeren Öffnungswinkel.

SATURN IN OPPOSITION

Am 18.10. erreicht der Ringplanet Saturn seine diesjährige Oppositionsstellung. Schon vor Wochen war er auf seinem ostwärts gerichteten Weg entlang der Ekliptik im Ostteil des Sternbilds Fische zum Stillstand gekommen und zur rückläufigen Bewegung übergegangen; jetzt ist er die ganze Nacht über zu beobachten. Als hellstes Objekt dieser Region ist er gar nicht zu verfehlen, auch wenn sein markantes Ringsystem mit bloßem Auge oder einem Fernglas nicht zu erkennen ist.

JAGD AUF TITAN

Dafür kann man seinen größten Mond Titan (mit 5150 km Durchmesser noch größer als der Planet Merkur) im Fernglas beobachten, zumindest dann, wenn er auf seiner 16-tägigen Bahn um den Ringplaneten etwas weiter von Saturn abrückt; in diesem Monat bieten sich dafür die Nächte um den 7., 15., 23. und 31.10. an. Titan steht dann etwa 3 Bogenminuten (etwa 1/10 des Vollmonddurchmessers) neben dem um acht Größenklassen helleren Planeten. Um auch die eindrucksvollen Saturnringe in ausreichender Schärfe zu sehen, bedarf es dagegen schon eines Teleskops mit 100-facher Vergrößerung oder mehr, was den Besuch einer der zahlreichen Volkssternwarten in unserem Lande nahelegt.

Sterne und Sternbilder

DER STERNHIMMEL IM OKTOBER

Zur gewohnten Beobachtungszeit ist der Wechsel vom Sommer- zum Herbsthimmel in vollem Gange: Die Sommersternbilder haben sich inzwischen vollständig auf die Westhälfte des Himmels zurückgezogen, und das geflügelte Ross Pegasus hat mit seiner Nase (dem Stern Enif) die Nord-Süd-Linie bereits überschritten; der Pegasus fliegt bekanntermaßen „kopfüber" am Himmel entlang.

WASSERREICHE STERNBILDER

Über dem Süd- und Südosthorizont erstrecken sich nun die Feuchtgebiete des Himmels, die Sternbilder also, die irgendwie mit Wasser in Verbindung stehen. Sie beginnen mit dem Steinbock, der im Altertum bei den Sumerern ursprünglich als Ziegenfisch bezeichnet wurde, und erstrecken sich von dort ostwärts über den Wassermann und den Südlichen Fisch, die Fische und den Walfisch bis hin zum Fluss Eridanus, der allerdings noch weitgehend unter dem Osthorizont auf seinen bevorstehenden Aufgang wartet.

DIE REGENZEIT KOMMT

Vor rund 5000 Jahren wanderte die Sonne in den Monaten November bis März durch diese Region, nachdem sie zuvor am Abendhimmel nach und nach vom Glanz der Sonne überstrahlt worden war. Für die Bewohner des Zweistromlandes, auf die viele der heute noch gebräuchlichen Sternbilder zurückgehen, zeigte dieses allmähliche Verschwinden der – vermutlich deshalb so benannten – „Feuchtgebiete" im Sonnenglanz die alljährlich wiederkehrende Regenzeit an, die erst endete, wenn der Fluss Eridanus sich am Abendhimmel dem Untergang zuneigte, um die Entwässerung der Feuchtgebiete zu übernehmen.

EIN GELBER RIESE

Es gibt übrigens nicht nur rote Riesensterne im Universum, sondern auch blaue, wie das Beispiel Deneb gezeigt hat. Sadalmelik, der Hauptstern im Wassermann, der jetzt unterhalb von Enif nahe der Nord-Süd-Linie leuchtet, ist ein gelber Riese: Er enthält gut die sechsfache Sonnenmasse und ist mit rund 5500 Grad an der Oberfläche ähnlich heiß wie die Sonne. Trotzdem kann man ihn über eine Distanz von rund 550 Lichtjahren als Objekt der 3. Größenklasse beobachten. Daraus lässt sich eine fast 4000-fache Sonnenleuchtkraft ableiten, die nur mit einem etwa 70-fachen Sonnendurchmesser erreicht werden kann; unsere Sonne wäre schon aus einer Entfernung von 60 Lichtjahren für das bloße Auge unsichtbar.

Was sich am Himmel tut

	abends – nachts – morgens	Mondphase	Aufgang Untergang
Allerheiligen 1 Mo	Venus wechselt ins Sternbild Skorpion		10:52 18:14
2 Di			11:48 19:11
3 Mi	Früheste Mittagsstellung der Sonne (12^h04^m)		12:31 20:15
4 Do	Merkur in gr. westl. Elongation (18,8°) **Morgensichtbarkeit** 6^h30^m Merkur 4° nördlich von Spica		13:03 21:23
5 Fr	18^h Mond im aufsteigenden Knoten		13:28 22:32
6 Sa	13^h Mond in Erdferne (404.183 km)		EV 09:01 13:47 23:42
7 So	Venus wechselt ins Sternbild Schlangenträger		14:03 --
8 Mo			14:17 00:50
9 Di			14:31 01:58
10 Mi			14:45 03:07
11 Do			15:01 04:18
12 Fr	4^h Mond 7° nördl. von Saturn		15:20 05:33
13 Sa			15:44 06:50
14 So	**19^h Mond bedeckt Plejaden**		VM 04:27 16:16 08:10
15 Mo			17:01 09:26

Merkur Venus Mars Jupiter Saturn Mond

	abends / nachts / morgens	Mondphase	Aufgang / Untergang
16 Di			18:01 10:32
Buß- u. Bettag 17 Mi			19:15 11:26
18 Do	7^h Leoniden-Meteorschauer im Maximum		20:36 12:06
19 Fr	1^h Mond in Erdnähe (369.356 km) 10^h Mond im absteigenden Knoten		22:01 12:35
20 Sa			23:25 12:58
Totensonntag 21 So	Mars wechselt ins Sternbild Schütze 6^h Mond 3° südl. von Regulus		LV 01:49 -- 13:17
22 Mo	Venus wechselt ins Sternbild Schütze		00:46 13:34
23 Di	Jupiter wechselt ins Sternbild Jungfrau 3^h Mond 7° südl. von Jupiter		02:06 13:50
24 Mi	17^h Venus 0,4° südl. von Mars		03:26 14:07
25 Do	6^h Mond 4° südl. von Spica		04:46 14:27
26 Fr			06:06 14:52
27 Sa	Venus in Sonnenferne (108,9 Mio. km)		07:24 15:25
1. Advent 28 So			NM 04:26 08:35 16:06
29 Mo			09:37 16:58
30 Di	17^h30^m Mond 2° südöstl. von Venus		10:24 18:00

Sonne und Planeten

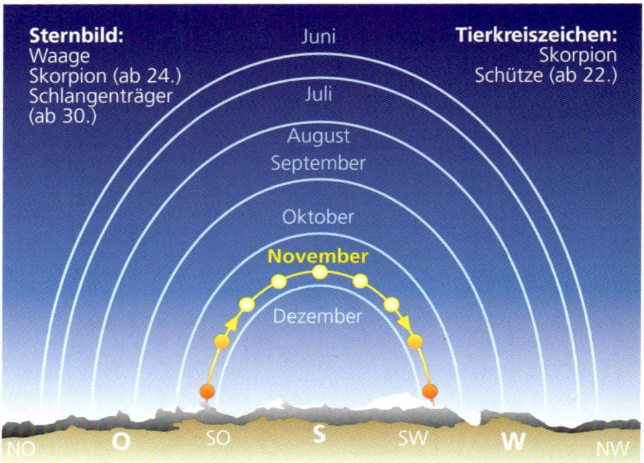

Dämmerung Anfang	Sonne Aufgang		Sonne Untergang	Dämmerung Ende
5:57	7:10	1.11.	16:57	18:09
6:19	7:34	16.11.	16:35	17:50

Die **SONNE** wandert durch das Sternbild Waage, erreicht am 24.11. den Skorpion und wechselt am 30.11. in den Schlangenträger; bereits am 22.11. wechselt sie in das Tierkreiszeichen Schütze. Die Mittagshöhe nimmt von 26° auf 18° ab, die Länge des lichten Tages von 9:48 Stunden auf 8:27 Stunden.

MERKUR ist bei freiem Blick bis herunter zum Osthorizont in der ersten Monatshälfte am Morgenhimmel zu finden.

VENUS kann sich zu Beginn des Monats allmählich aus dem Sonnenglanz lösen und geht am Monatsende rund 100 Minuten nach der Sonne unter.

MARS bleibt weiterhin unsichtbar mit der Sonne am Taghimmel.

JUPITER rückt weiter von der Sonne ab und geht zuletzt fast sieben Stunden vor ihr auf.

SATURN zieht nach seiner Oppositionsstellung im Vormonat weiter westwärts durch das Sternbild Fische.

In der ersten Novemberhälfte sind die Chancen auf eine Sichtung des sonnennahen Merkur am größten.

MERKUR AM MORGENHIMMEL

Ende Oktober, einige Tage vor seiner größten westlichen Elongation am 4.11., taucht der sonnennahe Merkur morgens über einem flachen Ostsüdosthorizont auf; die Grafik zeigt den Anblick jeweils rund 45 Minuten vor Sonnenaufgang. In den Folgetagen gewinnt er rasch an Helligkeit und – wegen des zunächst noch größer werdenden Winkelabstands zur Sonne – auch noch etwas an Höhe und kann dann bis zur Monatsmitte aufgefunden werden, mit etwas Glück auch noch ein paar Tage darüber hinaus, ehe er wieder im Glanz der Morgendämmerung verblasst.

UNGERECHTE VERTEILUNG

Morgensichtbarkeiten gibt es bei uns in mittleren nördlichen Breiten nur im Spätsommer und Herbst, weil dann die Ekliptik – und mit ihr die Merkurbahn – morgens steil zum Horizont aufsteigt. Demgegenüber verläuft sie im Spätwinter und Frühjahr recht flach zum Horizont, sodass Merkur selbst bei größeren Winkelabständen zur Sonne als diesmal bestenfalls einen kleinen Aufgangsvorsprung vor der Sonne erreicht und daher in ihrem Glanz verborgen bleibt. Entsprechend sind wir in Sachen Merkursichtbarkeiten gegenüber den Bewohnern der Südhalbkugel stark benachteiligt, denn dort sind die Verhältnisse genau umgekehrt.

Ohne Planetenpositionen auch verwendbar am:
15. 8. 4 Uhr
1. 9. 3 Uhr
15. 9. 2 Uhr
1.10. 1 Uhr
15.10. 24 Uhr
1.12. 20 Uhr
15.12. 19 Uhr
1. 1. 18 Uhr
November
1.11. 22 Uhr
15.11. 21 Uhr
West
Süd
Ost
ZENIT
Adler
Atair
Pfeil
Schwan
Delfin
Deneb
Algedi
Steinbock
Wasser-
mann
Südl. Fisch
Fomalhaut
Kepheus
Pegasus
Schedir
Kassiopeia
M 31
Andromeda
Mirach
Fische
Saturn
Walfisch
Diphda
Dreieck
Widder
Perseus
Menkar
Plejaden
Eridanus
Hyaden
Fuhrmann
Aldebaran
Stier
Rigel
Orion
Beteigeuze

DER STERNHIMMEL IM NOVEMBER

Nach dem Ende der Sommerzeit (und der abnehmenden Länge des lichten Tages) wird es nun auch wieder deutlich früher dunkel, sodass wir die gewohnte Beobachtungszeit wieder auf 21 Uhr MEZ (zur Monatsmitte, am Monatsanfang eine Stunde später) vorziehen können. Zu dem Zeitpunkt hat der Pegasus die Nord-Süd-Linie vollständig überquert, und hoch am Nordhimmel erreicht auch das Himmels-W der Kassiopeia langsam seine Höchststellung.

RIESEN IN KASSIOPEIA UND ANDROMEDA

Ihr Hauptstern Schedir ist auch ein roter Riesenstern, dessen Entfernung zu knapp 230 Lichtjahren bestimmt wurde. Wenn er mehr als 500-mal heller leuchtet als die Sonne, dann ist das bei der aus dem Sternspektrum abgeleiteten Temperatur von rund 4900 Grad nur über einen mehr als 40-fachen Sonnendurchmesser zu erklären; dabei vereint er etwa vier Sonnenmassen in sich. Deutlich rötlicher erscheint im Fernglas Mirach, der Stern in der Andromeda, mit dessen Hilfe man sich zur berühmten Andromeda-Galaxie vortasten kann: Seine Oberflächentemperatur beträgt nur 4000 Grad, und bei einer gemessenen Entfernung von etwa 200 Lichtjahren muss er rund 430-mal heller leuchten als die Sonne, was bei der geringeren Temperatur einen fast 90-fachen Sonnendurchmesser erfordert.

ES GIBT AUCH ROTE ZWERGSTERNE

Auch Menkar, der hellste Stern im Walfisch, zählt zu den roten Riesensternen. Seine Temperatur liegt ebenfalls bei rund 4000 Grad, und seine Entfernung konnte zu etwa 250 Lichtjahren gemessen werden. Damit strahlt er rund 480-mal so hell wie die Sonne, was auf einen etwa 100-fachen Sonnendurchmesser schließen lässt. Dies macht einmal mehr deutlich, dass die meisten, wenn nicht alle – mit bloßem Auge oder in einem Fernglas – rötlich erscheinenden Sterne zu den Riesensternen gehören; rote Zwergsterne, die massearmen Geschwister der Sonne, sind so lichtschwach, dass sie selbst über geringe Distanzen mit bloßem Auge nicht zu erkennen sind. Der am Nordhimmel mit einer Distanz von 8,3 Lichtjahren nächste rote Zwergstern (mit der Bezeichnung Lalande 21185) ist mit einem Fernglas als Objekt der 7. Größenklasse im südlichsten Zipfel des Großen Bären zu finden. Er enthält rund 40 % der Sonnenmasse und erreicht etwa 40 % des Sonnendurchmessers.

Was sich am Himmel tut

	abends nachts morgens	Mondphase	Aufgang Untergang
1 Mi			11:01 19:08
2 Do	21^h Mond im aufsteigenden Knoten		11:29 20:17
3 Fr			11:50 21:27
4 Sa	9^h Mond in Erdferne (404.663 km)		12:07 22:35
2. Advent 5 So			12:22 23:42
Nikolaus 6 Mo			EV 06:23 12:36 --
7 Di			12:49 00:50
8 Mi			13:04 01:59
9 Do	2^h Mond 8° nordwestl. von Saturn 18^h Mond 9° nördl. von Saturn		13:22 03:11
10 Fr			13:43 04:25
11 Sa	Merkur in oberer Konjunktion		14:11 05:44
3. Advent 12 So	**6^h Mond bedeckt Plejaden** Frühester Sonnenuntergang (16^h18^m)		14:50 07:02
13 Mo	1^h Mond 9° nördl. von Aldebaran Längste Vollmondnacht des Jahres		VM 17:10 15:45 08:15
14 Di	21^h Geminiden-Meteorschauer im Maximum		16:55 09:16
15 Mi	23^h Mond 6° südl. von Pollux		18:17 10:02

Merkur Venus Mars Jupiter Saturn Mond

	abends nachts morgens	Mond-phase	Aufgang Untergang
16 Do	4h Mond in Erdnähe (364.026 km) 13h Mond im absteigenden Knoten		19:44 10:36
17 Fr			21:11 11:02
18 Sa	7h Mond 4° südwestl. von Regulus		22:34 11:23
4. Advent 19 So	Venus wechselt ins Sternbild Steinbock		23:56 11:40
20 Mo	7h Mond 6° südl. von Jupiter		LV 10:12 -- 11:57
21 Di			01:16 12:13
Winteranfang 22 Mi	**3h43m Wintersonnenwende** 7h Mond 4° südl. von Spica		02:34 12:32
23 Do			03:53 12:55
Heiligabend 24 Fr	Saturn beendet Oppositionsschleife		05:10 13:24
Weihnachten 25 Sa			06:23 14:01
Weihnachten 26 So			07:27 14:49
27 Mo			NM 21:14 08:19 15:48
28 Di			09:00 16:53
29 Mi			09:31 18:03
30 Do	2h Mond im aufsteigenden Knoten 17h Mond 4° westl. von Venus		09:54 19:13
Silvester 31 Fr	Spätester Sonnenaufgang (8h18m) 17h Mond 7° nordöstl. von Venus		10:12 20:21

Sonne und Planeten

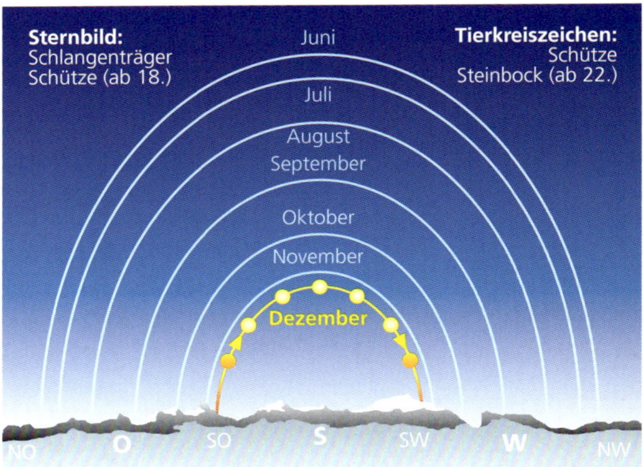

Dämmerung Anfang	Sonne Aufgang		Sonne Untergang	Dämmerung Ende
6:38	7:56	1.12.	16:21	17:40
6:52	8:12	16.12.	16:18	17:39

Die **SONNE** wandert durch das Sternbild Schlangenträger und erreicht am 18.12. den Schützen; am 22.12. wechselt sie in das Tierkreiszeichen Steinbock. Die Mittagshöhe nimmt von 18° auf 17° ab, die Länge des lichten Tages von 8:25 Stunden auf minimale 8:04 Stunden am 21.12.; danach wächst sie wieder bis auf 8:09 Stunden an.

MERKUR durchläuft am 11.12. eine obere Konjunktion und bleibt somit unsichtbar mit der Sonne am Taghimmel.

VENUS rückt zwar nur langsam weiter von der Sonne ab, geht aber zuletzt erst drei Stunden nach ihr unter.

MARS bleibt weiterhin unsichtbar mit der Sonne am Taghimmel.

JUPITER verlegt seinen Aufgang in die Stunde vor Mitternacht und ist dann im Westteil der Jungfrau zu finden.

SATURN kommt am 24.12. im Ostteil des Sternbilds Fische zum Stillstand und beendet damit seine diesjährige Oppositionsschleife.

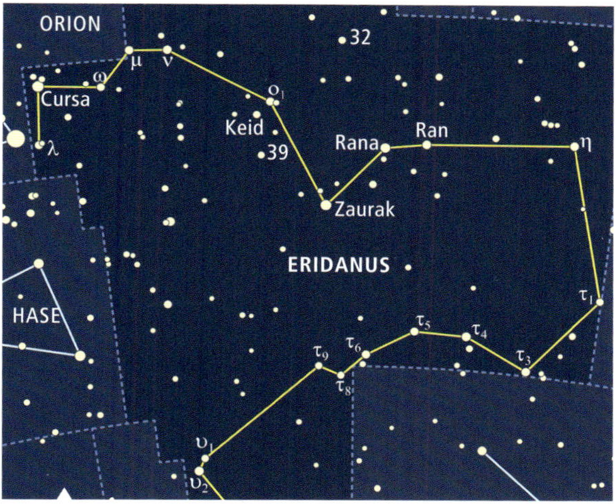

Das Sternbild Eridanus enthält in dem bei uns sichtbaren nördlichen Teil kaum hellere Sterne, ist also nur schwer zu erkennen.

DAS STERNBILD ERIDANUS

Unweit von Rigel, dem hellen Fußstern des Orion, „entspringt" der Fluss Eridanus, der in der griechischen Mythologie die vom Wassermann Aquarius freigesetzten Wassermassen zurück zum Meer im Süden führte. Tatsächlich erstreckt sich das Sternbild weit über den Südhorizont hinaus bis auf 58° südlicher Deklination; dort markiert der nur südlich von 30° nördlicher Breite sichtbare Hauptstern Achernar das Ende des Flusses (für die Griechen der Antike „endete" Eridanus bereits am Stern Acamar).

EIN WEISSER ZWERG

In unseren Breiten ist Cursa, rund 3,5 Grad nordwestlich von Rigel gelegen, mit 2,8 Größenklassen der hellste Stern der Figur, gefolgt von Zaurak mit 3,0 Größenklassen knapp 20 Grad weiter südwestlich. Erwähnenswert ist der Stern Keid (o_2 Eridani), der rund 15 Grad ziemlich genau westlich von Rigel als Objekt der 4. Größenklasse erscheint. Hier wird der Zentralstern von zwei lichtschwachen Begleitern der 9. bzw. 10 Größenklasse umkreist, von denen der hellere ein Weißer Zwergstern ist – übrigens der erste Stern, dessen wahre Natur als Weißer Zwerg entdeckt wurde. Wegen seines großen Abstandes (1,3 Bogenminuten) sollte er sogar mit einem lichtstarken Fernglas erkennbar sein.

Sterne und Sternbilder

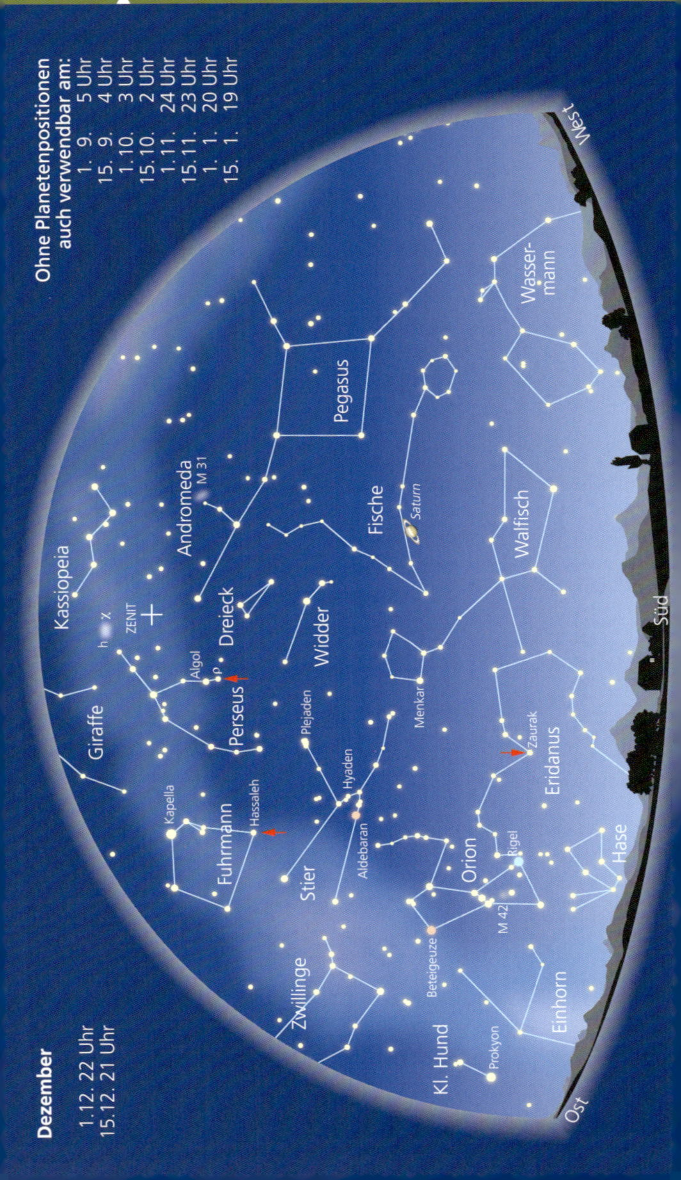